高等职业教育人工智能工程技术系列教材

机器学习入门与实战

（微课版）

王　志　陶再平　主　编
王　雪　邬贤达　牟宏伟　副主编

電子工業出版社
Publishing House of Electronics Industry
北京•BEIJING

内 容 简 介

本书以掌握 Python 语言基础为前提，由浅入深、全面系统地讲解了机器学习的相关知识及技能，内容注重实用性和可操作性，在介绍机器学习理论知识的基础上，结合具体的实战实例，给出了详细的代码及实现步骤。全书共 9 个项目，分别介绍了数据分析基础、机器学习项目实战流程、探索性数据分析与特征工程、常见机器学习算法及框架、交叉验证与超参数调优，并结合主流机器学习技术框架 Scikit-learn，展开了信用违约分类预测、社交媒体评论分类预测、共享单车用量需求回归预测、信用卡客户忠诚度回归预测的项目实战。

本书以机器学习的知识体系为基础，以实战案例为载体，采用理论与实践相结合的模式编写而成。既可以作为职业院校和应用型本科院校人工智能、大数据、计算机等相关专业的教材，也可以作为从事人工智能相关工作的广大科研人员、工程技术人员的自学用书。

图书在版编目（CIP）数据

机器学习入门与实战：微课版 / 王志，陶再平主编. —北京：电子工业出版社，2023.2

ISBN 978-7-121-44860-7

Ⅰ. ①机… Ⅱ. ①王… ②陶… Ⅲ. ①机器学习－高等学校－教材 Ⅳ. ①TP181

中国国家版本馆 CIP 数据核字（2023）第 014854 号

责任编辑：徐建军　　　　特约编辑：田学清
印　　刷：北京天宇星印刷厂
装　　订：北京天宇星印刷厂
出版发行：电子工业出版社
　　　　　北京市海淀区万寿路 173 信箱　　　　邮编：100036
开　　本：787×1 092　1/16　印张：11.5　字数：309 千字
版　　次：2023 年 2 月第 1 版
印　　次：2023 年 2 月第 1 次印刷
印　　数：1 200 册　　定价：38.00 元

凡所购买电子工业出版社图书有缺损问题，请向购买书店调换。若书店售缺，请与本社发行部联系，联系及邮购电话：（010）88254888，88258888。

质量投诉请发邮件至 zlts@phei.com.cn，盗版侵权举报请发邮件至 dbqq@phei.com.cn。

本书咨询联系方式：（010）88254570，xujj@phei.com.cn。

前言

随着新一代信息技术的蓬勃发展，开始出现以机器学习为基础的人工智能、数据分析技术。机器学习作为一门交叉学科，涉及概率论、统计学、凸优化等多个学科或分支，其发展过程还受到了生物学、经济学的启发，这些特性决定了机器学习的广阔发展前景。目前，机器学习在诸多领域中得到了广泛的应用，如计算机视觉、自然语言处理、推荐系统、医学诊断、信用风控、证券市场建模等。2020 年，高职院校获批开设人工智能技术服务专业，根据教育部发布的《高等学校人工智能创新行动计划》，推进“新工科”建设，完善人工智能基础理论、机器学习、计算机视觉与模式识别、自然语言处理等核心专业课程。但目前针对高职院校学生的授课，普遍存在以理论知识授课为主、学生缺乏动手实践、教学案例与实际问题脱节等问题。

本书围绕教育部发布的《高等学校人工智能创新行动计划》，深入浅出地介绍了机器学习理论知识，注重理论与实践的结合，培养学生的动手能力。本书面向高职学生，从 Python 机器学习的基础知识入手，结合了大量的机器学习项目，带领学生快速掌握机器学习的相关知识，提高学生解决实际问题的能力。

本书的编写特色如下。

（1）内容设置：本书涵盖了机器学习领域必须掌握的知识，在内容结构上非常注重知识的实用性和可操作性。按照机器学习项目实战的方法论，逐步完成项目流程。本书将一个项目分为基础和优化两个过程进行讲解，确保学生在完成基本机器学习项目的基础上，能够理解模型优化的思路并实现模型优化。

（2）模块划分：本书以项目为导向，倡导运用所学知识解决实际问题。从学生兴趣及实际案例中提取、设置任务，将理论与实践有机结合。本书主要选取了结构化数据、文本数据相关的机器学习项目进行内容设计，使用 Scikit-learn、XGBoost、LightGBM 等主流机器学习技术框架开展实战。

（3）内容编排：本书在内容结构上覆盖项目引导、任务目标、知识准备、设计实践、拓展训练等环节，分为基础理论、编程实现和拓展训练三个部分，可以满足高校开展人工智能算法与 Python 编程等基础实践的需求，也可以指导学生进行模型训练、创新实践等扩展学习。

（4）实战资源：本书以 Jupyter Notebook 的形式提供实战资源，并根据高职学生的学习特点，在实战代码中将关键代码隐藏，帮助学生强化练习，书中还配有答案供师生参考。

本书由浙江金融职业学院的王志博士、陶再平博士担任主编，王雪、郑贤达等人工智能技术应用专业教师及企业专家牟宏伟参与编写，获得了北京数联众创科技有限公司、北京猎豹移动科技有限公司的大力支持。我们将不断加强与同行的交流合作，继续推出人工智能工程技术系列教材，共同探索高职院校人工智能专业领域的教学创新。

为便于学习，本书配备了电子课件、练习素材等教学资源，学生可以在华信教育资源网（www.hxedu.com.cn）注册后下载。如有其他问题，可在网站留言板留言或与电子工业出版社（E-mail：hxedu@phei.com.cn）联系。

由于时间仓促，以及编者的学识和水平有限，书中难免存在不足之处，敬请广大读者指正。

编　者

目 录

项目 1

数据分析基础

知识目标

- 了解常用的 Python 数据开发环境；
- 了解使用 Python 和第三方包进行数据分析的优势；
- 掌握一维、二维、多维数组的概念。

能力目标

- 能够安装 Anaconda 等集成开发环境；
- 能够安装 NumPy、Pandas 和 Matplotlib 等数据分析工具；
- 能够使用 NumPy、Pandas 包进行数据分析，使用 Matplotlib 绘制图形。

素质目标

培养学生严谨负责的学习态度及清晰的逻辑思维能力、业务理解能力和数据分析能力。

任务 1 开发环境的搭建

当今世界对信息技术的依赖程度正在不断加深，每天都会产生大量的数据，数据越来越多，但是要从中发现有价值的信息却越来越难。这里的“信息”可以理解为对数据集处理之后的结果，是从数据集中提炼出的可用于其他场合的结论性结果。从原始数据中抽取出有价值信息的过程为数据分析，它是数据科学工作的一部分。

1.1.1 数据分析相关库

使用 Python 从事数据科学相关的工作是非常棒的选择，因为 Python 的整个生态圈中有大量成熟的用于数据科学的软件包（工具库）。不同于其他用于数据科学的编程语言（如 Julia 语言、R 语言），Python 除了可以用于数据科学，能做的事情还有很多，Python 语言几乎是无所不能的。Python 常用的数据分析库如下。

1．NumPy

NumPy 支持常见的数组和矩阵操作，通过 ndarray 类实现对多维数组的封装，提供操作数组的方法和函数集。NumPy 内置了并行运算功能，使用多核 CPU 时会自动进行并行计算。

2．Pandas

Pandas 的核心是特有的数据结构 DataFrame 和 Series，因此可以处理不同类型的数据，如表格、时间序列等，这是 NumPy 的 ndarray 做不到的。Pandas 可以轻松顺利地加载各种形式的数据，对数据进行切片、切块、缺失值处理、聚合、重塑和可视化等操作。

3．Matplotlib

Matplotlib 是一个包含各种绘图模块的库，能够根据用户提供的数据创建高质量的图形。Matplotlib 还提供了 PyLab 模块，这个模块包含了很多类似 MATLAB 的绘图组件。

1.1.2　Anaconda 的安装和使用

Anaconda 的使用及数组的基本操作

如果想要快速使用 Python 处理数据科学的相关工作，那么建议直接安装 Anaconda，它的工具包最为齐全，是 Python 用于科学计算发行的版本。对于新手来说，先安装官方的 Python 解释器，再逐个安装工作中使用到的库文件比较麻烦，尤其是在 Windows 环境下，经常会因为构建工具或 DLL 文件的缺失导致安装失败。

个人用户可以从 Anaconda 的官方网站下载它的个人版（Individual Edition）来安装程序，安装完成后，计算机上不仅拥有了 Python 环境和 Spyder（类似于 PyCharm 的集成开发工具），还拥有了与数据科学工作相关的近 200 个工具包，包括上面提到的那些数据分析库。除此之外，Anaconda 还提供了一个名为 Conda 的包管理工具，该工具不仅可以管理 Python 的工具包，还可以用于创建运行 Python 程序的虚拟环境。

通过 Anaconda 官网提供的下载链接选择适合计算机操作系统的安装程序，建议选择图形化的安装程序，下载完成后双击安装程序开始安装，Anaconda 的官网安装包如图 1.1 所示。

图 1.1　Anaconda 的官网安装包

完成安装后，macOS 用户可以在“应用程序”或“Launchpad”的文件夹中找到名为“Anaconda-Navigator”的应用程序，运行该程序可以看到图 1.2 所示的 Anaconda 程序界面，可以在这里选择需要执行的操作。

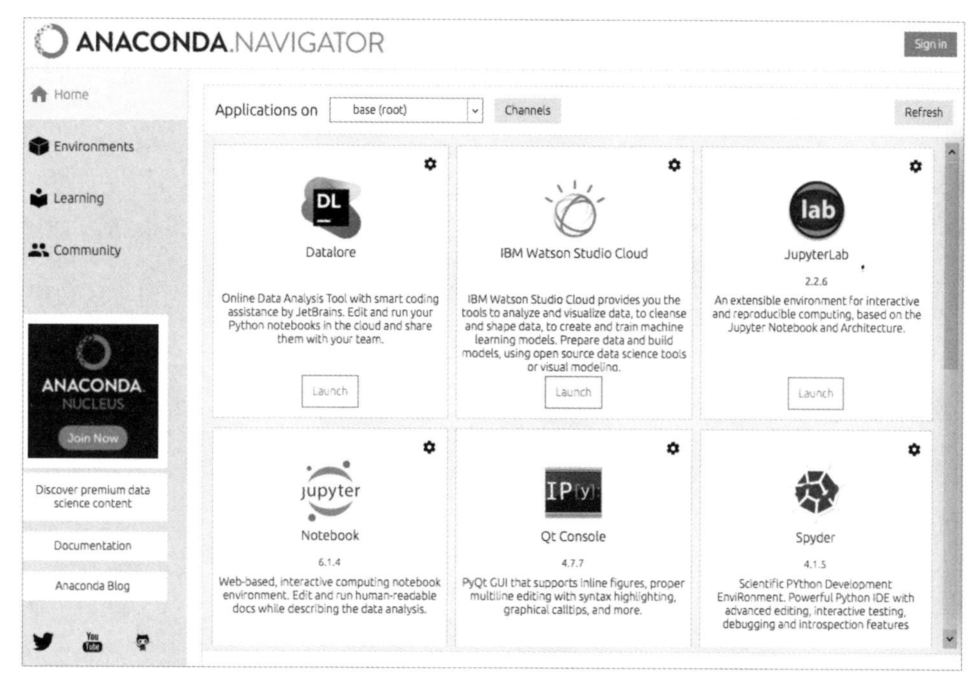

图 1.2　Anaconda 程序界面

Windows 用户建议按照安装向导的提示和推荐的选项来安装 Anaconda，安装完成后可以在“开始”菜单中找到名为“Anaconda3”的应用程序。

1.1.3　Jupyter Notebook 的使用

如果已经安装了 Anaconda，那么 macOS 用户可以按照上述方式在“Anaconda-Navigator”的程序中直接启动 Jupyter Notebook（以下统一简称为 Notebook）。Windows 用户首先可以在“开始”菜单中找到名为“Anaconda”的文件夹，然后运行文件夹中的 Notebook 就可以开始数据科学的探索之旅了。

对于安装了 Python 环境、但是没有安装 Anaconda 的用户，可以首先用 Python 的包管理工具 pip 来安装 Notebook，然后在终端（Windows 系统称之为命令行提示符）中运行“Jupyter Notebook”命令来启动 Notebook。

安装 Notebook 的代码：

```
pip install jupyter
```

安装三大神器的代码：

```
pip install numpy pandas matplotlib
```

运行 Notebook 的代码：

```
jupyter notebook
```

Notebook 是基于网页的用于交互计算的应用程序，可以用于代码开发、文档撰写、代码运行和结果展示。简单地说，用户可以在网页中直接编写代码和运行代码，代码的运行结果也会直接在代码下方展示。例如，在编写代码的过程中需要编写说明文档，可在同一页面中使用

Markdown 格式进行编写，而且可以直接看到渲染后的效果。此外，Notebook 的设计初衷是提供一个能够支持多种编程语言的工作环境，目前它能够支持超过 40 种编程语言，包括 Python、R、Julia、Scala 等。

任务 2　NumPy 的应用

NumPy 是 Python 中非常基础的用于科学计算的库，用于快速处理任意维度的数组，支持常见的数组和矩阵操作。

Python 中有 array 模块，但它不支持多维数组，列表和 array 模块都没有科学计算函数，不适合进行矩阵等科学计算。而 NumPy 最重要的一个特点就是其 *N* 维数组对象（即 ndarray），使用 ndarray 可以处理一维、二维和多维数组，ndarray 相当于一个快速而灵活的大数据容器。

准备工作：启动 Notebook。

```
jupyter notebook
```

提 示

在启动 Notebook 之前，建议先安装数据分析相关的依赖项，包括 NumPy、Pandas、Matplotlib 等。若使用 Anaconda，则无须单独安装。

导入代码如下：

```
import numpy as np
import pandas as pd
import matplotlib.pyplot as plt
```

1.2.1　数组对象的创建

1. 一维数组

方法一：使用 array()函数，通过 list 创建数组对象，代码如下：

```
array1 = np.array([1, 2, 3, 4, 5])
array1
```

输出结果：

```
array([1, 2, 3, 4, 5])
```

方法二：使用 arange()函数，指定取值范围，创建数组对象，代码如下：

```
array2 = np.arange(0, 20, 2)
array2
```

输出结果：

```
array([ 0,  2,  4,  6,  8, 10, 12, 14, 16, 18])
```

方法三：使用 linspace()函数，用指定范围、均匀间隔的数字来创建数组对象。产生 11 个在(−5,5)范围内、具有均匀间隔的小数。代码如下：

```
array3 = np.linspace(-5, 5, 11)
array3
```

输出结果：

```
array([-5. , -4. , -3. , -2. , -1., 0. , 1. , 2. , 3. , 4. , 5. ])
```

方法四：使用 numpy.random 模块的函数生成随机数，创建数组对象，产生 10 个在[0, 1)范围内的随机小数，代码如下：

```
array4 = np.random.rand(10)
array4
```

输出结果：

```
array([0.45776132, 0.78971326, 0.4425213 , 0.93654209, 0.49876463,
       0.98980875, 0.32587188, 0.96473022, 0.68742739, 0.99872852 ])
```

产生 10 个在[1, 100)范围内的随机整数，代码如下：

```
array5 = np.random.randint(1, 100, 10)
array5
```

输出结果：

```
array([28, 44, 57, 85, 39, 79, 42, 72, 99, 34])
```

产生 20 个\mu=50、\sigma=10 的正态分布随机数，代码如下：

```
array6 = np.random.normal(50, 10, 20)
array6
```

输出结果：

```
array([27.25725106, 47.72393965, 42.51249538, 52.78746737, 57.94460991,
43.446007  , 60.21815804, 49.7370134 , 39.01117613, 60.22286391, 68.06738585,
43.25567352, 60.98793921, 48.05053706, 31.74114801,52.00219565, 38.83387103,
41.95799049, 49.54382907, 52.04522131])
```

说 明

创建一维数组还有很多其他的方式，如读取字符串、读取文件、解析正则表达式等。

2. 二维数组

方法一：使用 array()函数，通过嵌套的 list 创建数组对象，代码如下：

```
array7 = np.array([[1, 2, 3], [4, 5, 6]])
array7
```

输出结果：

```
array([[1, 2, 3],
       [4, 5, 6]])
```

方法二：使用 zeros()、ones()、full()函数指定数组的形状，创建数组对象。

使用 zeros()函数，代码如下：

```
array8 = np.zeros((3, 4))
array8
```

输出结果：

```
array([[0., 0., 0., 0.],
       [0., 0., 0., 0.],
       [0., 0., 0., 0.]])
```

使用 ones()函数，代码如下：

```
array9 = np.ones((3, 4))
array9
```

输出结果：

```
array([[1., 1., 1., 1.],
       [1., 1., 1., 1.],
       [1., 1., 1., 1.]])
```

使用 full()函数，代码如下：

```
array10 = np.full((3, 4), 10)
array10
```

输出结果：

```
array([[10, 10, 10, 10],
       [10, 10, 10, 10],
       [10, 10, 10, 10]])
```

方法三：使用 eye()函数创建单位矩阵，代码如下：

```
array11 = np.eye(4)
array11
```

输出结果：

```
array([[1., 0., 0., 0.],
       [0., 1., 0., 0.],
       [0., 0., 1., 0.],
       [0., 0., 0., 1.]])
```

方法四：通过 reshape()函数将一维数组变成二维数组，代码如下：

```
array12 = np.array([1, 2, 3, 4, 5, 6]).reshape(2, 3)
array12
```

输出结果：

```
array([[1, 2, 3],
       [4, 5, 6]])
```

reshape()函数可以方便地实现对 ndarray 阵列形状进行调整，使用 reshape()函数时需要确保调形后的数组元素数量与调形前的数组元素数量一致，否则将产生异常。

方法五：使用 numpy.random 模块的函数生成随机数，创建数组对象。

产生由[0, 1)范围内的随机小数构成的 3 行 4 列的二维数组，代码如下：

```
array13 = np.random.rand(3, 4)
array13
```

输出结果：

```
array([[0.40084144, 0.60289876, 0.87891639, 0.09201165],
       [0.10108331, 0.05028251, 0.26219083, 0.60754388],
       [0.78639324, 0.87857231, 0.45572282, 0.75470959]])
```

产生由[1, 100)范围内的随机整数构成的 3 行 4 列的二维数组，代码如下：

```
array14 = np.random.randint(1, 100, (3, 4))
array14
```

输出结果：

```
array([[87, 74, 61, 53],
       [19, 85, 53, 43],
       [44, 68, 14, 77]])
```

3. 多维数组

使用随机的方式创建多维数组，代码如下：

```
array15 = np.random.randint(1, 100, (3, 4, 5))
array15
```

输出结果：

```
array([[[93, 94, 43, 83, 12],
        [59, 76, 22, 25, 69],
        [56, 51, 68, 95, 13],
        [85, 77, 35, 62, 19]],
```

```
       [[82, 32,  9, 62, 47],
        [40, 25, 35, 94, 52],
        [52, 14, 94, 42, 81],
        [40, 83, 68,  6, 14]],
       [[15, 36, 24, 73,  1],
        [96, 29, 13, 12,  7],
        [22, 83, 78, 18, 64],
        [18, 29, 54,  5,  3]]])
```

将一维数组调形为多维数组，代码如下：

```
array16 = np.arange(1, 25).reshape((2, 3, 4))
array16
```

输出结果：

```
array([[[ 1,  2,  3,  4],
        [ 5,  6,  7,  8],
        [ 9, 10, 11, 12]],
       [[13, 14, 15, 16],
        [17, 18, 19, 20],
        [21, 22, 23, 24]]])
```

将二维数组调形为多维数组，代码如下：

```
array17 = np.random.randint(1, 100, (4, 6)).reshape((4, 3, 2))
array17
```

输出结果：

```
array([[[60, 59],
        [31, 80],
        [54, 91]],
       [[67,  4],
        [ 4, 59],
        [47, 49]],
       [[16,  4],
        [ 5, 71],
        [80, 53]],
       [[38, 49],
        [70,  5],
        [76, 80]]])
```

读取图片获得对应的三维数组，代码如下：

```
array18 = plt.imread('test.jpg')
array18
```

输出结果：

```
array([[[ 36,  33,  28],
        [ 36,  33,  28],
        [ 36,  33,  28],
        ...,
        [ 32,  31,  29],
        [ 32,  31,  27],
        [ 31,  32,  26]],
       [[ 37,  34,  29],
        [ 38,  35,  30],
        [ 38,  35,  30],
        ...,
        [ 31,  30,  28],
        [ 31,  30,  26],
        [ 30,  31,  25]],
       [[ 38,  35,  30],
        [ 38,  35,  30],
        [ 38,  35,  30],
        ...,
        [ 30,  29,  27],
        [ 30,  29,  25],
        [ 29,  30,  25]],
       ...,
       [[239, 178, 123],
        [237, 176, 121],
        [235, 174, 119],
        ...,
        [ 78,  68,  56],
        [ 75,  67,  54],
        [ 73,  65,  52]],
       [[238, 177, 120],
        [236, 175, 118],
        [234, 173, 116],
        ...,
        [ 82,  70,  58],
        [ 78,  68,  56],
        [ 75,  66,  51]],
       [[238, 176, 119],
        [236, 175, 118],
        [234, 173, 116],
        ...,
        [ 84,  70,  61],
        [ 81,  69,  57],
        [ 79,  67,  53]]], dtype=uint8)
```

说 明

上文的代码读取了当前路径下名为“test.jpg”的图片文件，计算机系统中的图片通常由若干行、若干列的像素点构成，而每个像素点又是由红、绿、蓝三原色构成的，所以能够用三维数组来表示。读取图片使用的是 Matplotlib 库的 imread()函数。

1.2.2 数组的索引和切片

与 Python 中的列表类似，NumPy 的 ndarray 对象可以进行索引和切片操作，通过索引可以获取或修改数组中的元素，通过切片可以取出数组的一部分。

1．索引运算（普通索引）

一维数组的代码如下：

```
array23 = np.array([1, 2, 3, 4, 5, 6, 7, 8, 9])
print(array23[0], array23[array23.size - 1])
print(array23[-array23.size], array23[-1])
```

输出结果：

```
1 9
1 9
```

二维数组的代码如下：

```
array24 = np.array([[1, 2, 3], [4, 5, 6], [7, 8, 9]])
print(array24[2])
print(array24[0][0], array24[-1][-1])
print(array24[1][1], array24[1, 1])
```

输出结果：

```
[7 8 9]
1 9
5 5
```

二维数组索引的代码如下：

```
array24[1][1] = 10
print(array24)
array24[1] = [10, 11, 12]
print(array24)
```

输出结果：

```
[[ 1  2  3]
 [ 4 10  6]
 [ 7  8  9]]
```

```
[[ 1  2  3]
 [10 11 12]
 [ 7  8  9]]
```

2. 切片运算（切片索引）

切片是形如“[开始索引:结束索引:步长]”的语法，通过指定“开始索引”（默认值为无穷小）、“结束索引”（默认值为无穷大）和“步长”（默认值为 1），从数组中取出指定部分的元素并构成新的数组。因为开始索引、结束索引和步长都有默认值，所以它们都可以省略。如果不指定步长，那么上面语法中的第二个冒号也可以省略。一维数组的切片运算与 Python 中的 list 类型的切片类似，此处不再赘述，二维数组的切片可以参考代码：

```
print(array24[:2, 1:])
```

输出结果：

```
[[2 3]
 [5 6]]
```

代码如下：

```
print(array24[2])
print(array24[2, :])
```

输出结果：

```
[7 8 9]
[7 8 9]
```

代码如下：

```
print(array24[2:, :])
```

输出结果：

```
[[7 8 9]]
```

代码如下：

```
print(array24[:, :2])
```

输出结果：

```
[[1 2]
 [4 5]
 [7 8]]
```

代码如下：

```
print(array24[1, :2])
print(array24[1:2, :2])
```

输出结果：

```
[4 5]
[[4 5]]
```

代码如下：

```
print(array24[::2, ::2])
```

输出结果：

```
[[1 3]
 [7 9]]
```

代码如下：

```
print(array24[::-2, ::-2])
```

输出结果：

```
[[9 7]
 [3 1]]
```

3. 花式索引

花式索引（Fancy Indexing）是指利用整数数组进行索引，整数数组可以是 NumPy 的 ndarray，也可以是 Python 中 list、tuple 等可迭代的类型，可以使用正向或负向索引。

一维数组的花式索引，代码如下：

```
array25 = np.array([50, 30, 15, 20, 40])
# 取一维数组的第 1 个，第 2 个和最后一个
array25[[0, 1, -1]]
```

输出结果：

```
array([50, 30, 40])
```

二维数组的花式索引，代码如下：

```
array26 = np.array([[30, 20, 10], [40, 60, 50], [10, 90, 80]])
# 取二维数组的第 1 行和第 3 行
array26[[0, 2]]
```

输出结果：

```
array([[30, 20, 10],
       [10, 90, 80]])
```

代码如下：

```
# 取二维数组第 1 行第 2 列，第 3 行第 3 列的 2 个元素
array26[[0, 2], [1, 2]]
```

输出结果：

```
array([20, 80])
```

代码如下：

```
# 取二维数组第 1 行第 2 列，第 3 行第 2 列的 2 个元素
array26[[0, 2], 1]
```

输出结果：

```
array([20, 90])
```

4. 布尔索引

布尔索引是指使用布尔类型的数组对数组元素进行索引，布尔类型的数组可以手动构建，也可以通过关系运算来产生布尔类型的数组。

代码如下：

```
array27 = np.arange(1, 10)
array27[[True, False, True, True, False, False, False, False, True]]
```

输出结果：

```
array([1, 3, 4, 9])
```

代码如下：

```
array27 >= 5
```

输出结果：

```
array([False, False, False, False,  True,  True,  True,  True,  True])
```

代码如下：

```
# ~运算符可以实现逻辑变反，查看运行结果与上面有何不同
~(array27 >= 5)
```

输出结果：

```
array([ True,  True,  True,  True, False, False, False, False, False])
```

代码如下：

```
array27[array27 >= 5]
```

输出结果：

```
array([5, 6, 7, 8, 9])
```

切片操作虽然创建了新的数组对象，但是新数组与原数组共享了数组中的数据。如果通过

新数组对象或原数组对象修改数组中的数据，那么修改的是同一部分数据。换句话说，如果修改了数组中的数据，那么会同时改变原数组和新数组的值。花式索引和布尔索引也会创建新的数组对象。但是由于新数组复制了原数组的元素，新数组和原数组并不是共享数据的关系。这一点通过前面讲的数组的 base 属性也可以了解到，一定要注意。

任务 3　Pandas 的应用

Pandas 是 Wes McKinney 在 2008 年开发的一款强大的分析结构化数据的工具集。Pandas 以 NumPy（提供数据表示和运算）为基础，提供了用于数据处理的函数和方法，为数据分析和数据挖掘提供了很好的支持。Pandas 还可以与数据可视化工具 Matplotlib 很好地整合，轻松实现数据的可视化展示。

Pandas 的核心数据类型是 Series（数据序列）、DataFrame（数据表/数据框），分别用于处理一维和二维的数据。除此之外，还有名为 Index 的类型及其子类型，它为 Series 和 DataFrame 提供了索引功能。日常工作中，DataFrame 的使用最为广泛，因为二维的数据本质是一个有行有列的表格（试想 Excel 电子表格和关系型数据库中的二维表）。上述这些数据类型都提供了大量的处理数据的方法，数据分析师可以以此为基础实现对数据的各种常规处理。

Pandas 库中的 Series 对象可以用来表示一维数据结构，与数组非常类似，但多了一些额外的功能。Series 的内部结构包含了两个数组，一个用来保存数据，另一个用来保存数据的索引。

1.3.1　Series 对象的创建

执行下面的代码之前，需要先导入 Pandas 及相关的库文件。

方法一：通过列表或数组创建 Series 对象。

代码如下：

```
# data 参数表示数据，index 参数表示数据的索引（标签）
# 如果没有指定 index 属性，那么默认使用数字索引
ser1 = pd.Series(data=[320, 180, 300, 405], index=['一季度', '二季度', '三季度', '四季度'])
ser1
```

输出结果：

```
一季度    320
二季度    180
三季度    300
四季度    405
dtype: int64
```

方法二：通过字典创建 Series 对象。

代码如下：

```
# 字典中的键是数据的索引（标签），字典中的值是数据
ser2 = pd.Series({'一季度': 320, '二季度': 180, '三季度': 300, '四季度': 405})
ser2
```

输出结果：

```
一季度    320
二季度    180
三季度    300
四季度    405
dtype: int64
```

1.3.2　Series 对象的索引和切片

与数组一样，Series 对象也可以进行索引和切片操作。不同的是，Series 对象因为内部维护了一个保存索引的数组，所以除了可以使用整数索引通过位置检索数据，还可以通过自己设置的索引标签获取对应的数据。

1．使用整数索引

代码如下：

```
print(ser2[0], ser[1], ser[2], ser[3])
ser2[0], ser2[3] = 350, 360
print(ser2)
```

输出结果：

```
320 180 300 405
一季度    350
二季度    180
三季度    300
四季度    360
dtype: int64
```

提 示

如果使用负向索引，那么必须在创建 Series 对象时，通过 index 属性指定非数值类型的标签。

2．使用设置的标签索引

代码如下：

```
print(ser2['一季度'], ser2['三季度'])
ser2['一季度'] = 380
print(ser2)
```

输出结果：

```
350 300
一季度    380
二季度    180
三季度    300
四季度    360
dtype: int64
```

3. 切片操作

代码如下：

```
print(ser2[1:3])
print(ser2['二季度':'四季度'])
```

输出结果：

```
二季度    180
三季度    300
dtype: int64
二季度    180
三季度    300
四季度    360
dtype: int64
```

代码如下：

```
ser2[1:3] = 400, 500
ser2
```

输出结果：

```
一季度    380
二季度    400
三季度    500
四季度    360
dtype: int64
```

4. 花式索引

代码如下：

```
print(ser2[['二季度', '四季度']])
ser2[['二季度', '四季度']] = 500, 520
print(ser2)
```

输出结果：

```
二季度    400
四季度    360
```

```
dtype: int64
一季度     380
二季度     500
三季度     500
四季度     520
dtype: int64
```

5. 布尔索引

代码如下：

```
ser2[ser2 >= 500]
```

输出结果：

```
二季度     500
三季度     500
四季度     520
dtype: int64
```

1.3.3　Series 对象的常用属性

Series 对象的常用属性如表 1.1 所示。

表 1.1　Series 对象的常用属性

属　　性	说　　明
dtype / dtypes	返回 Series 对象的数据类型
hasnans	判断 Series 对象中有没有空值
at / iat	通过索引访问 Series 对象中的单个值
loc / iloc	通过一组索引访问 Series 对象中的一组值
index	返回 Series 对象的索引
is_monotonic	判断 Series 对象中的数据是否单调
is_monotonic_increasing	判断 Series 对象中的数据是否单调递增
is_monotonic_decreasing	判断 Series 对象中的数据是否单调递减
is_unique	判断 Series 对象中的数据是否独一无二
size	返回 Series 对象中元素的数量
values	以 ndarray 的方式返回 Series 对象中的值

任务 4　数据可视化

数据可视化首先将数据呈现为漂亮的统计图表，然后进一步发现数据中包含的规律及隐藏的信息。之前的课程已经介绍了 Python 在数据处理方面的优势，以及 NumPy 和 Pandas 的应用，可以以此为基础进一步使用 Matplotlib 来实现数据的可视化，将数据处理的结果展示为直观的可视化图表。

1.4.1 安装和导入

对于使用 Anaconda 的用户，在安装 Anaconda 时已经携带了数据分析和可视化的库，无须再单独安装 Matplotlib。如果没有安装 Anaconda、但是有 Python 环境，那么首先可以使用 Python 的包管理工具 pip 来安装 Matplotlib，代码如下所示。

```
pip install matplotlib
```

其次，在 Notebook 中用下面的代码导入 Matplotlib。

```
from matplotlib import pyplot as plt
```

然后，通过下面的魔法指令，可以让创建的图表直接内嵌在浏览器窗口中显示。

```
%matplotlib inline
```

最后，通过下面的魔法指令，可以生成矢量图（SVG）。

```
%config InlineBackend.figure_format='svg'
```

1.4.2 绘图的流程

创建画布的代码如下：

```
figure = plt.figure()
```

绘制图像的代码如下：

```
plt.plot(x, y)
```

显示（保存）图像的代码如下：

```
plt.show()
```

任务 5 Pandas、NumPy 库的数据操作

1.5.1 数据读入

（1）从指定路径下读取 csv 数据文件，并将 Loan_ID 设为 index 类型。
（2）数据文件 train.csv 位于./data/的目录下。
（3）打印该数据集的前 10 行。
参考代码如下：

```
import pandas as pd import numpy as np
data = pd.read_csv("./data/train.csv", index_col='Loan_ID')
data.head(10)
```

train.csv 数据读入的输出结果如表 1.2 所示。

表 1.2 train.csv 数据读入的输出结果

Loan_ID	Gender	Married	Dependents	Education	Self_Employed	ApplicantIncome	CoapplicantIncome	LoanAmount	Loan_Amount_Term	Credit_History	Property_Area
LP001002	Male	No	0	Graduate	No	5849	0	NaN	360	1	Urban
LP001003	Male	Yes	1	Graduate	No	4583	1508	128	360	1	Rural
LP001005	Male	Yes	0	Graduate	Yes	3000	0	66	360	1	Urban
LP001006	Male	Yes	0	Not Graduate	No	2583	2358	120	360	1	Urban
LP001008	Male	No	0	Graduate	No	6000	0	141	360	1	Urban
LP001011	Male	Yes	2	Graduate	Yes	5417	4196	267	360	1	Urban
LP001013	Male	Yes	0	Not Graduate	No	2333	1516	95	360	1	Urban
LP001014	Male	Yes	3+	Graduate	No	3036	2504	158	360	0	Semiurban
LP001018	Male	Yes	2	Graduate	No	4006	1526	168	360	1	Urban
LP001020	Male	Yes	1	Graduate	No	12841	10968	349	360	1	Semiurban

1.5.2 数据选择

从数据集中选择所有满足 Education 为 Not Graduate（没有毕业）、Loan_Status 为 Y（获得贷款）、Gender 为 Female（女性）的数据，并输出相应的数据。参考代码如下：

```
data.loc[(data['Education']=='Not Graduate') & (data['Loan_Status']=='Y') &
(data['Gender']=='Female'), ['Gender', 'Education', 'Loan_Status']]
```

输出结果：基于 train.csv 的数据选择如表 1.3 所示。

表 1.3 基于 train.csv 的数据选择

Loan_ID	Gender	Education	Loan_Status
LP001155	Female	Not Graduate	Y
LP001669	Female	Not Graduate	Y
LP001692	Female	Not Graduate	Y
LP001908	Female	Not Graduate	Y
LP002300	Female	Not Graduate	Y
LP002314	Female	Not Graduate	Y
LP002407	Female	Not Graduate	Y
LP002489	Female	Not Graduate	Y
LP002502	Female	Not Graduate	Y
LP002534	Female	Not Graduate	Y
LP002582	Female	Not Graduate	Y
LP002731	Female	Not Graduate	Y
LP002757	Female	Not Graduate	Y
LP002917	Female	Not Graduate	Y

使用 apply()函数对数据集应用自定义函数，参考代码如下：

```
def num_missing(x):
    return sum(x.isnull())
```

使用 apply()函数将 num_missing()函数用于统计数据集的每列缺失值的数量，参考代码如下：

```
print(data.apply(num_missing, axis=0))
```

输出结果：

```
Gender               13
Married               3
Dependents           15
Education             0
Self_Employed        32
ApplicantIncome       0
CoapplicantIncome     0
LoanAmount           22
Loan_Amount_Term     14
Credit_History       50
Property_Area         0
Loan_Status           0
dtype: int64
```

打印该数据集的前 10 行，参考代码如下：

```
print(data.apply(num_missing, axis=1).head(10))
```

输出结果：

```
Loan_ID
LP001002    1
LP001003    0
LP001005    0
LP001006    0
LP001008    0
LP001011    0
LP001013    0
LP001014    0
LP001018    0
LP001020    0
dtype: int64
```

1.5.3 缺失值填充

对于 Gender、Married、Self_Employed 三个因子型变量，使用各自最常见的因子（中位数）

进行缺失值填充，参考代码如下：

```
data['Gender'].fillna(data['Gender'].mode().iloc[0], inplace=True)
data['Married'].fillna(data['Married'].mode().iloc[0], inplace=True)
data['Self_Employed'].fillna(data['Self_Employed'].mode().iloc[0],
inplace=True)
```

对于 LoanAmount 变量进行缺失值填充处理：

（1）按照 Gender、Married 及 Self_Employed 的组合下的每个组群进行 LoanAmount 变量的均值统计。

（2）按照每组统计得到的平均值，对 LoanAmount 中的缺失值进行填充。

参考代码如下：

```
impute_grps = data.pivot_table(values=["LoanAmount"], index=["Gender",
"Married","Self_Employed"], aggfunc=np.mean)
for i,row in data.loc[data['LoanAmount'].isnull(),:].iterrows():
    ind = tuple([row['Gender'],row['Married'],row['Self_Employed']])
    data.loc[i,'LoanAmount'] = impute_grps.loc[ind].values[0]
```

1.5.4 数据透视表绘制

基于 data 数据集获取统计数量，参考代码如下：

```
pd.crosstab(data['Credit_History'], data['Loan_Status'], margins=True)
```

输出结果：基于 train.csv 的数据透视表如表 1.4 所示。

表 1.4 基于 train.csv 的数据透视表

Credit_History	Loan_Status		
	N	Y	All
0.0	82	7	89
1.0	97	378	475
All	179	385	564

1.5.5 数据集合并

（1）将 prop_rates 数据集与 data 数据集合并。

（2）基于合并后的数据集，按照 Property_Area、rates 的组合下的每个组群，统计 Credit_History 变量的样本数量。

生成 prop_rates 数据表的代码如下：

```
prop_rates = pd.DataFrame([1000, 5000, 12000], index=['Rural','Semiurban',
'Urban'],columns=['rates'])
```

数据集合并的参考代码如下：

```
data_merged = data.merge(right=prop_rates, how='inner', left_on='Property_
```

```
Area', right_index=True, sort=False)
    data_merged.pivot_table(values='Credit_History', index=['Property_Area',
'rates'], aggfunc=len)
```

输出结果：基于 train.csv 合并数据集如表 1.5 所示。

表 1.5　基于 train.csv 合并数据集

Property_Area	Rates	Credit_History
Rural	1000	179.0
Semiurban	5000	233.0
Urban	12000	202.0

1．数据集排序

将 data 数据集按照 ApplicantIncome、CoapplicantIncome 两列变量值进行降序排列，并输出排序后数据集的前 10 行。参考代码如下：

```
    data_sorted = data.sort_values(['ApplicantIncome', 'CoapplicantIncome'],
ascending=False)
    data_sorted[['ApplicantIncome', 'CoapplicantIncome']].head(10)
```

输出结果：指定变量的数据集排序如表 1.6 所示。

表 1.6　指定变量的数据集排序

Loan_ID	ApplicantIncome	CoapplicantIncome
LP002317	81000	0.0
LP002101	63337	0.0
LP001585	51763	0.0
LP001536	39999	0.0
LP001640	39147	4750.0
LP002422	37719	0.0
LP001637	33846	0.0
LP001448	23803	0.0
LP002624	20833	6667.0
LP001922	20667	0.0

2．变量离散化

（1）将 LoanAmount 变量离散化，得到新的变量 LoanAmount_Bin。

（2）按照以下条件进行处理。

```
    [min,90): low
    [90,140): medium
    [140,190): high
    [190,max]: very_high
```

参考代码如下：

```
    cut_points = [90,140,190]
```

```
    break_points = [data['LoanAmount'].min()] + cut_points + [data['LoanAmount'].max()]
    print(break_points)
    labels = ["low","medium","high","very_high"]
    data['LoanAmount_Bin'] = pd.cut(data['LoanAmount'], bins=break_points,
right=False, labels=labels, include_lowest=True)
    pd.value_counts(data['LoanAmount_Bin'],sort=False)
```

输出结果：

```
[9.0, 90, 140, 190, 700.0]



low           98
medium       274
high         150
very_high     91
Name: LoanAmount_Bin, dtype: int64
```

3．变量映射

（1）将变量 Loan_Status 中的字符映射为数字，得到新的变量 Loan_Status_Coded，映射方法为{'N': 0; 'Y': 1}。

（2）输出 Loan_Status_Coded 变量的类型统计数值。

参考代码如下：

```
data['Loan_Status_Coded'] = data["Loan_Status"].replace({'N':0, 'Y':1})
data['Loan_Status_Coded'].value_counts()
```

输出结果：

```
1    422
0    192
Name: Loan_Status_Coded, dtype: int64
```

1.5.6 独热编码

（1）将 LoanAmount_Bin 变量进行独热编码，得到新变量 LoanAmount_low、LoanAmount_medium、LoanAmount_high、LoanAmount_very_high。

（2）将新变量合并到 data 数据集中，并打印数据集的前 10 行。

参考代码如下：

```
dummies = pd.get_dummies(data['LoanAmount_Bin'], prefix='LoanAmount')
data_onehot = pd.concat([data, dummies], axis=1)
data_onehot.head(10)
```

指定变量进行独热编码的输出结果如表 1.7 所示。

表 1.7　指定变量进行独热编码的输出结果

Loan_ID	Gender	Married	Dependents	Education	Self_Employed	ApplicantIncome	CoapplicantIncome	LoanAmount	Loan_Amount_Term	Credit_History	Property_Area	Loan_Status	LoanAmount_Bin	Loan_Status_Coded	LoanAmount_low	LoanAmount_medium	LoanAmount_high	LoanAmount_very_high
LP001002	Male	No	0	Graduate	No	5849	0.0	129.936937	360.0	1.0	Urban	Y	medium	1	0	1	0	0
LP001003	Male	Yes	1	Graduate	No	4583	1508.0	128.000000	360.0	1.0	Rural	N	medium	0	0	1	0	0
LP001005	Male	Yes	0	Graduate	Yes	3000	0.0	66.000000	360.0	1.0	Urban	Y	low	1	1	0	0	0
LP001006	Male	Yes	0	Not Graduate	No	2583	2358.0	120.000000	360.0	1.0	Urban	Y	medium	1	0	1	0	0
LP001008	Male	No	0	Graduate	No	6000	0.0	141.000000	360.0	1.0	Urban	Y	high	1	0	0	1	0
LP001011	Male	Yes	2	Graduate	Yes	5417	4196.0	267.000000	360.0	1.0	Urban	Y	very_high	1	0	0	0	1
LP001013	Male	Yes	0	Not Graduate	No	2333	1516.0	95.000000	360.0	1.0	Urban	Y	medium	1	0	1	0	0
LP001014	Male	Yes	3+	Graduate	No	3036	2504.0	158.000000	360.0	0.0	Semiurban	N	high	0	0	0	1	0
LP001018	Male	Yes	2	Graduate	No	4006	1526.0	168.000000	360.0	1.0	Urban	Y	high	1	0	0	1	0
LP001020	Male	Yes	1	Graduate	No	12841	10968.0	349.000000	360.0	1.0	Semiurban	N	very_high	0	0	0	0	1

项目 2

机器学习项目实战流程

项目目标

知识目标

- 熟悉机器学习项目实战流程；
- 掌握 Scikit-learn 中的常用函数；
- 掌握分类、回归、聚类、常见数据类型、泛化等概念。

能力目标

掌握机器学习项目的实战流程：

- 问题定义；
- 数据准备；
- 模型训练；
- 模型评估；
- 优化方向总结。

素质目标

在机器学习项目的构建过程中，培养学生端正的学习态度，帮助学生认识到科学方法的价值。

引言

在学习机器学习的过程中，很多学生可以按照示例很快完成案例，但在机器学习竞赛或实际项目中，往往会因面临并不“完美”的数据而失去耐心，或在无尽的算法尝试中不知所措，最终没有完成任务。

要想成功完成机器学习项目，离不开清晰的思路和规范的操作流程。本章将重点介绍机器学习项目实战流程及各步骤中的实战方法，概要性地介绍 Python 中机器学习第三方库 Scikit-learn 的框架，并通过泰坦尼克号事件生存预测案例来实现基本的机器学习流程。

一个完整的机器学习项目应该以机器学习模型的部署应用为验收标准，并根据模型监控的结果，发起新的机器学习项目以更新现有模型。

本章将按照问题定义、数据准备、模型训练、模型评估、模型部署、模型监控与更新 6 个环节展开介绍。

任务 1 知识准备

机器学习项目实战流程

2.1.1 问题定义

问题定义是数据科学家们分析并理解业务中的实际问题，将其定义为机器学习可解决的问题的过程。

问题定义是机器学习项目的重要开端，也决定了后续项目中数据准备、模型训练、模型评估等各环节的工作。此外，后续工作也会根据实际遇到的情况来调整问题定义的方式，如在数据准备环节发现，按照当前问题定义的方式符合条件的样本数量极少，这就需要对问题定义进行适当的调整。

以往的教科书练习或大部分机器学习的竞赛都已经将问题定义清楚，数据科学家们只需要完成后续的工作。因此，要锻炼问题定义的能力，需要多参与实际的业务应用项目或机器学习的一些开放类赛题。本节将对常见的机器学习问题类型进行归类，便于在实际应用中准确地进行问题定义。

1．常见的机器学习问题类型

1）分类问题

分类问题要解决的是对实例进行标签标记，也就是将实例归为某一类，如邮件中垃圾/非垃圾的分类、信用卡交易行为中的欺诈/非欺诈的分类。使用机器学习建立分类预测模型是为了对新的未标记的实例进行标记。

2）回归问题

回归问题与分类问题的区别在于将实例以真实的数值而不是标签来标记，如商品销量预测、股票价格预测等。回归模型的作用是为实例进行可量化的数值预测。

3）聚类问题

聚类问题不标记实例，但是可以先在实例的数据维度中挖掘到相似性，再对实例进行分组。例如，苹果公司推出的 iPhoto 及类似的照片管理软件中，可以通过人脸而不是名字来对照片分组。聚类分析是无标记的非监督学习，通常用于探索实例，试图发现数据中存在的一些模式。在机器学习的实战中，聚类算法也用于数据准备阶段，进行一些探索性数据分析和预处理的工作。

2．明确机器学习的应用目标

除了理解机器学习的问题类型，在实战中还需要以机器学习模型的最终应用为终点，推导接下来要使用的数据、机器学习算法及评估指标。

例如，实际业务场景中要求模型在很短时间内给出预测结果，因此大多数情况下会考虑使用可并行化的算法来训练和部署模型，如果在模型训练阶段尝试过于复杂的建模方法，那么最终可能因为模型执行效率较慢而放弃模型。

因此在实战中，需要充分了解机器学习的应用目标和场景，以决定在接下来的工作中要采取的方案。

2.1.2 数据准备

数据准备是机器学习中人与算法“交接数据”前的重要一环。数据科学家要像老师一样，将“干净”“合理”的学习资料，即样本数据，“交”给算法进行学习，避免出现“Garbage in, garbage out”的情况，导致项目失败。

因此，数据准备阶段的目标是完成可用于机器学习算法训练的数据集准备工作。该数据集通常以二维矩阵的形式表示，每行代表一条学习样本，每列代表一个变量，且必须为算法可以处理的数据类型。

在实战中，数据准备通常会占据整个项目70%以上的工作时间，也是在项目中值得深入分析、迭代和优化模型的主要工作环节。本节主要介绍数据类型及数据质量检查，旨在初步准备符合要求的数据集。

1. 数据类型

数据类型是统计学中的重要概念，正确地理解数据类型并加以利用才能获得统计分析结论。同理，为机器学习算法提供能够正确处理的数据类型，才能确保机器学习模型的合理性。

数据根据其不同用途有不同的分类方式。在机器学习实战中，可以将经常遇到的数据分为三大类型：数值型变量、分类型变量及混合型变量。

1）数值型变量

数值型变量包括连续数值型变量和离散数值型变量。

连续数值型变量在指定区间内可以是任意数值，代表着数据描述的对象虽然不能够计数，但是可以进行连续的取值，如人的身高、某类产品的销售收入等。

离散数值型变量的取值是不连续的分离值，数据只能在一些特定点取值。这样的数据不能定量测量，但可以进行统计计量，并可将其蕴含的信息通过分类的方式进行表示，如企业数量、职工人数、设备台数等。

区分连续数值型与离散数值型变量时，可以思考数据描述的对象是否可以计数，是否可以分割成较小的部分。如果数据描述的对象可以测量而不能计数，那么数据是连续数值型的，反之则是离散数值型的。

2）分类型变量

分类型变量代表着对象的属性，只在有限范围内取值，如人群的性别（男、女），语言，国籍，花的颜色（红、蓝、黄）。值得注意的是，分类型变量通常也可以用数值表示，但数值仅仅是分类的标记，没有数学上的意义。

例如，描述花的颜色时，1代表红色，2代表蓝色，3代表黄色，算法并不能像人一样理解其含义，它会认为黄色比蓝色大，红色最小，这显然是不合理的，所以在处理分类型变量时，需要进行一定的数据转换，才能输入算法。常用的处理方式是独热编码（One-Hot Encoding），具体操作将在项目3展开介绍。

除了上述例子中定类的分类型变量，还有一种情况是定序的分类型变量。它代表了离散、但是有序的变量单位，不仅具有类别，而且类别间具有顺序意义。

例如，描述教育背景的数据类别可以包括小学、初中、高中、大学、研究生，表示不同的教育程度，但该数据无法量化初中与高中的差别，以及高中与大学的不同。因此，定序变量属于分类型变量，与数值型变量不同，它缺乏对特征间差别的量化，因此多用于等级划分的描述，如用户情绪、用户满意度等。

在进行有监督学习时，若目标变量是分类型变量，则认为是分类问题，若目标变量是连续数值型变量，则认为是回归问题。

3）混合型变量

实战中，会遇到一些变量的内容包含文本、数值和文本的组合等情况，我们统一将这类变量定义为混合型变量，需要进一步转换加工才能用于机器学习。

4）小结

机器学习经常会遇到不同类型的数据，而机器学习算法一般只接受数值型变量，通过上述数据类型的学习，同学们可以做到：

（1）结合业务含义对数据类型进行准确的识别；

（2）审核不能直接用于机器学习的数据类型。

这样，就可以基本确保机器学习工作的合理性。

2．数据质量检查

数据质量检查的主要任务是检查原始数据中是否存在“脏”数据，通常指不能直接进行分析和模型训练的数据。在实战中，如果直接把这类数据输入机器学习算法，那么往往会出现报错，甚至出现“不合理”的结果。

实战中，数据质量的检查工作主要包括数据准确性检查和数据有效性检查。

1）数据准确性检查

引起数据准确性问题的数据通常包括以下几种情况。

（1）缺失值：空值或编码为无意义的值（如 NA、null 等）；

（2）异常值：变量中个别数值明显偏离其余的观测值，如年龄中出现“999”这种不符合业务常识的数值；

（3）不一致的值：在分类型变量中常遇到类别编码不一致的值，如同时使用 M 和 male 表示性别；

在面对一份数据集时，可以根据不同的变量类型，针对性地采取统计方法，分析不同类型变量的数据准确性。

分类型变量的统计分布，可以使用 pandas 中的 value_counts()函数，代码如下：

```
import pandas as pd
y = pd.Series([0,1,1,1,0,0,0,1,'null'])
y.value_counts()
```

构建的变量 y 中包括 0、1、'null'标识，运行结果如下：

```
0       4
1       4
null     1
dtype: int64
```

通过 value_counts()函数实现计数，返回变量中的所有类别，以及对应的样本数量。可以看到，变量 y 中存在一个'null'的类别，如果 y 是二元分类问题的目标变量，那么就可以认为'null'是一个异常值，需要进行合适的处理才能开展机器学习工作。

数值型变量的统计分析，可以使用 pandas 中的 describe()函数，代码如下：

```
import pandas as pd
x = pd.Series([1.0, 2.0, 3.0, 4.5, 6.0, 10.0, 999.99])
x.describe()
```

构建变量 x 为连续数值型变量，运行 describe()函数对其进行统计，输出结果如下：

```
count       7.000000
mean      146.641429
std       376.303134
min         1.000000
25%         2.500000
50%         4.500000
75%         8.000000
max       999.990000
dtype: float64
```

describe()函数返回了变量 x 的统计分布，其中，count 是非空值数，如果数值小于样本总数，那么说明该变量存在缺失值。另外，提供的基本参数还有平均值（mean）、标准差（std）、最小值（min）、最大值（max）及分位数（25%、50%、75%）。可以发现，数值 999.99 与其他数值分布的距离较大，可以结合实际业务含义判定其是否为异常值。

2）数据有效性检查

数据有效性是以该数据从统计意义上是否能提供有效信息为判断标准的，常见的检查工作包括唯一值检查、无效值检查。

（1）唯一值检查

变量中的数值均为同一值，可以使用 pandas 模块中的 describe()或 value_counts()函数进行统计。代码如下：

```
import pandas as pd
a = pd.Series([5, 5, 5, 5])
a.describe()
```

相同数值的变量 a 的统计分布如下：

```
count    4.0
mean     5.0
std      0.0
min      5.0
25%      5.0
50%      5.0
75%      5.0
max      5.0
dtype: float64
```

从结果可见，该变量的标准差 std 为 0，且各分位点的数值相同，可以判定该数值型变量为唯一值变量。对于分类型变量，可以使用 value_counts()函数统计，若只包含 1 个类别，则同样可判定为唯一值变量。

（2）无效值检查

缺失值、异常值、空值、空字符串、null、0（无意义）都属于无效值。在准确性检查中会对缺失值、异常值进行检查，若发现无效值较多的变量（如变量中无效值的比例超过 90%等），且无效值不是数据准备过程中出现的错误，则在机器学习建模时要慎用甚至不用这类变量。

3．小结

数据准备环节是机器学习实战中最为耗时、最值得深入开展的工作环节。本节通过对数据类型及数据质量检查的介绍，希望同学们能为后续的模型训练准备符合要求的数据集，以便后续顺利完成机器学习项目流程。

数据准确性的检查并没有绝对唯一的方法，需要数据科学家根据实际的变量含义和数据情况来灵活处理。数据准备环节中的探索性分析和特征工程在机器学习工作中对模型效果有很大的帮助，除了使用 pandas 模块中的统计分布函数，还可以使用可视化方式等探索性分析方法进行检查，具体内容将在项目 3 中进一步介绍。

2.1.3 模型训练

模型训练环节使用算法拟合样本数据得到模型，目标是在确保一定“泛化”能力的前提下，达到最好的拟合效果。

通俗来讲，“泛化”能力是指基于拟合样本得到的模型对未知数据的预测能力，也可以认为是对已有模型举一反三的能力，或学以致用的能力。因此，模型训练完成之后都要进行模型评估，主要通过准确率等指标进行评估。

上述概念中涉及的样本数据对应的专有名词为训练集（训练数据）、测试集（测试数据）、验证集（验证数据）。总体来说，这三份数据集的作用是确保模型的泛化能力，防止模型过拟合。

训练集，顾名思义，是用来训练模型的，是算法真正用来“学习”（拟合）的数据。

测试集是用来测试模型效果的，评估泛化能力，检查机器学习算法的“学习成果”。

验证集主要用于算法调参过程，找出效果最优的模型和参数。首先，对训练集进行不同参数的训练，得到多个模型后，在验证集上分别进行预测，并记录模型的准确率。然后，找出准确率最高的模型及其对应的参数。验证集在机器学习中承担“阶段测试”或“模拟考试”的作用。

1．训练集、验证集和测试集的常见划分方法

在项目实战中，通常在数据准备阶段将所有样本整理好，在模型训练前根据样本是否有时间序列属性来决定划分方法。

有时间序列属性的样本数据意味着样本是有时间先后顺序的。在原则上，训练集的时间要“早”于验证集和测试集，避免出现用“未来”的样本数据学习，预测“历史”的样本。例如，在供应链预测的模型中，要求训练集的时间窗口在测试集的时间窗口之前。

若样本数据无时间序列属性，相互之前完全独立，则划分训练集、验证集和测试集时，可以使用随机划分，为了保证模型的预测效果，通常会建议保持三者的数据分布相近。

在实际项目中，基于样本数据的划分过程：先划分出测试集，再将剩下的数据划分为训练集和验证集。划分验证集的常用方法有两种，即 Holdout 和交叉验证。其中，Holdout 是指将剩余的数据集按照一定比例划分为训练集和验证集，如 70%的数据集作为训练集，30%的数据集作为验证集。

交叉验证也被称为 K 折交叉验证（K-Fold Cross-Validation），将剩余数据划分为 K 等份，用 K-1 份作为训练集，剩余 1 份作为验证集，依次轮换训练集和验证集 K 次，直到找到预测误差最小的模型，即所求模型。值得注意的是，在划分训练集和验证集时，若数据集具有时间序列属性，则不适合使用交叉验证，可以用 Holdout 方法，尝试使用不同比例的验证集达到相当于交叉验证的目的。交叉验证的原理及实现方法将在项目 5 中详细介绍。

2．训练集样本的平衡性检查及处理

训练集样本不平衡的问题主要存在于有监督机器学习的任务中。在大多数实际业务场景中，样本都是符合“二八分布”或“长尾效应”的，导致在实战中经常会遇到不平衡的样本。算法接收到不平衡的样本数据时，由于算法学习的目标函数（相关知识将在项目 4 中详细介绍）以总体分类效果为目标，所以算法会过多地关注占多数类的样本，从而使得占少数类的样本的分类性能下降。这也是绝大多数常见的机器学习算法不能很好地处理不平衡样本的原因。

常用的处理不平衡样本的方法有随机欠采样和随机过采样两种。

随机欠采样的思想是通过随机地消除占多数类的样本来平衡分布，直到占多数类和占少数类的样本数量实现比例均匀。这种方法可能会导致随机欠采样选取的样本出现偏差，从而在实际的测试数据集上表现不佳。

随机过采样的思想则是通过随机复制占少数类的样本来增加其样本数量，从而可提高少数类样本的代表性。但往往由于复制少数类样本的操作，增加了模型过拟合的风险。

最近比较流行的处理样本不平衡的方法是信息性过采样，又称为合成少数类过采样技术（SMOTE，Synthetic Minority Over-sampling Technique）。该方法易于理解，是指基于“插值”方法为少数类合成新的样本，先基于少数类中的一个数据子集创建相似的新合成的样本，再将这些合成的样本加入原来的数据集。由于通过随机采样生成的合成样本不是直接复制的样本，所以可以缓解过拟合的问题。但该方法的缺点是生成合成性样本时，并不会把来自其他类的相邻实例考虑进来，导致了类重叠的增加，并引入了额外的噪声。另外，SMOTE 方法对高维数据不是很有效。

代价敏感学习也是一种处理不平衡样本的方法。不同于上述直接调整样本分布的方法，代价敏感学习通过修改损失函数来加大对少数类样本进行错误分类的惩罚力度，如 Focal Loss 损失函数。该方法的好处在于提高了模型预测少数类样本的准确率。

3．最优模型的训练与寻找

真正的模型训练环节通常涉及机器学习算法选择、机器学习算法的超参数调优、机器学习算法的参数优化。

1）机器学习算法选择

训练模型的算法选择需要基于问题定义环节对模型目标及业务目标的理解。

例如，在信贷行业中的信用风险预测场景中，需求方往往对模型的可解释性要求较高，所以往往选择逻辑回归或决策树类的算法，使得模型能够被清晰地理解。有些项目追求更高的预测准确率，如图像识别、文本情感分析等场景，所以常常会使用集成学习、深度学习或融合模型的方法来训练模型。

常见的机器学习算法将在项目 4 中详细介绍，理解算法的原理可以在选择算法时有明确的方向。

2）机器学习算法的超参数调优

机器学习模型中一般有两种参数，一种参数是可以从训练集学习中得到的，如逻辑回归中的正则化参数或决策树中的深度参数。还有一种无法依靠数据得到，只能依靠人的经验来设定，这类参数叫作超参数（Hyperparameters），如学习率（Learning Rate）。

超参数调优的基本思路是尝试算法不同的超参数组合，基于训练集数据得到不同模型，通过比较模型的表现（通常基于验证集的表现），最终选择表现最优的模型及其对应的算法参数。机器学习超参数调优的不同方法将在项目 5 中具体介绍。

3）机器学习算法的参数优化

机器学习实战中的训练模型环节需要训练机器学习算法来“学习”输入的数据，特别是有监督学习算法。算法不断“学习”的过程是求解最优化算法参数的过程。因此每个算法都以一个目标函数为学习目标，通过求解让该函数取极大值或极小值，从而训练得到机器学习算法的模型参数。

本节将以逻辑回归算法为例，通过介绍损失函数、代价函数及目标函数，以及梯度下降的方法，帮助同学们理解该算法参数优化的原理，理解算法“学习”的过程。

4．损失函数、代价函数与目标函数介绍

损失函数（Loss Function）是定义在单个样本上的，计算一个样本的误差。

代价函数（Cost Function）是定义在整个训练集上的，计算所有样本误差的平均值，也就是损失函数的平均。

目标函数（Objective Function）定义为最终需要优化的函数，等于经验风险与结构风险之和（即代价函数与正则化项之和）。

图 2.1 中的函数依次为 $f_1(x)$、$f_2(x)$、$f_3(x)$，用这三个函数分别拟合不同尺寸（Size）的价格（Price），价格的真实值记为 y，尺寸记为 x，这三个函数都会输出一个 $f(x)$，这个输出值与真实值 y 可能是相同的，也可能是不同的。

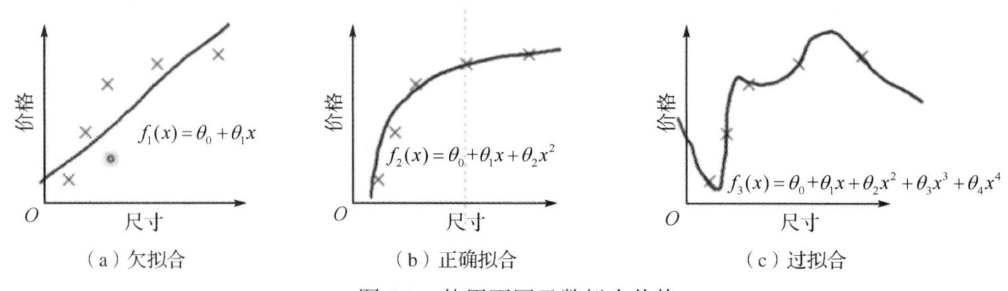

图 2.1　使用不同函数拟合价格

用以下函数来度量拟合的程度：

$$L(y,f(x))=(y-f(x))^2$$

这个函数称为损失函数或代价函数。损失函数越小，代表模型拟合得越好。损失函数是不是越小越好呢？不是。还有一个概念是风险函数（Risk Function）。风险函数是损失函数的期望，这是因为输入和输出的 (x,y) 遵循一个联合分布，这个联合分布是未知的，所以无法计算，但是是有历史数据的，即训练集。$f(x)$ 关于训练集的平均损失称作经验风险（Empirical Risk），所以我们的目标是最小化 $\frac{1}{N}\sum L(y_i,f(x_i))$，称为经验风险最小化。但是，由于过度学习历史数据，导致在真正预测时效果很差，这种情况称为过拟合。我们不仅要让经验风险最小化，还要让结构风险最小化，因此定义了一个函数 $J(f)$，专门用来度量模型的复杂度，在机器学习中也叫正则化（Regularization），常用的有 L1、L2 范数。最终的优化函数：

$$\min \frac{1}{N}\sum L\left(y_i, f\left(x_i\right)\right) + \lambda J(f)$$

该函数表示最优化经验风险和结构风险，称为目标函数。结合上面的例子来分析，图 2.1（a）的 $f_1(x)$ 结构风险最小（模型结构最简单），但是经验风险最大（对历史数据拟合得最差）；图 2.1（c）的 $f_3(x)$ 经验风险最小（对历史数据拟合得最好），但是结构风险最大（模型结构最复杂）；而图 2.1（b）的 $f_2(x)$ 达到了二者的良好平衡，最适合用于预测未知数据集 $f(x)$。

5．基于梯度的参数优化方法

通过前文介绍，可以总结训练机器学习算法的目的：通过优化模型参数使得目标函数达到最优。在机器学习算法的训练任务中，优化是指改变算法参数以最小化或最大化目标函数。简要介绍微积分的相关概念如下。

假设有一个函数 $f(x)$，x 和 y 是实数。该函数的导数 $f'(x)$ 代表 $f(x)$ 在点 x 处的斜率。$f'(x)$ 表示此函数在此点是如何变化的，即变化的方向和剧烈程度。最小化函数时，可以将 x 向导数的反方向移动，改变输出的值，这种方法叫作梯度下降（Gradient Descent）。$f'(x)$ =0 的点为临界点或驻点，表示导数在此点无法提供移动方向。在机器学习算法中，用 $f'(x)$ 最小化损失函数时，可以通过梯度下降法来逐步地迭代、求解，得到最小化的损失函数和模型参数值。

前文介绍了逻辑回归算法的目标函数 $J(w,b)$，为了便于理解，将 w 和 b 定义为单一的实数（实战中可以是更高维度），逻辑回归算法的目标函数 $J(w,b)$的示意图如图 2.2 所示。图 2.2 中的水平坐标轴代表参数 w 和 b，目标函数 $J(w,b)$是在水平轴上的曲面，其高度是目标函数在某一参数下对应的值。优化逻辑回归参数是指找到目标函数 $J(w,b)$的最小值所对应的参数 w 和 b 的值。

为了便于理解，假设目标函数 $J(w)$仅有一个参数 w，可以用二维坐标图中的函数关系表示，以理解梯度下降实现优化的过程。如图 2.3 所示，假设三角形的定点为参数 w 的初始化起点，该点的导数是该点相切于目标函数 $J(w)$的值，即三角形的高除以宽。该点处的斜率为正，所以梯度下降的方向为向左，直至逼近目标函数 $J(w)$的最小值对应的点。

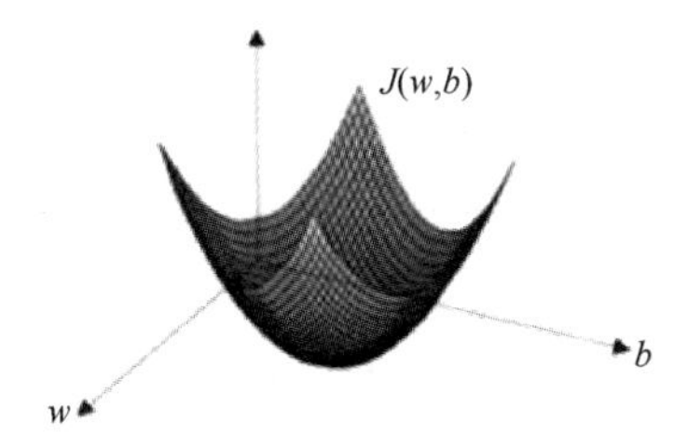

图 2.2　逻辑回归算法的目标函数 $J(w,b)$的示意图

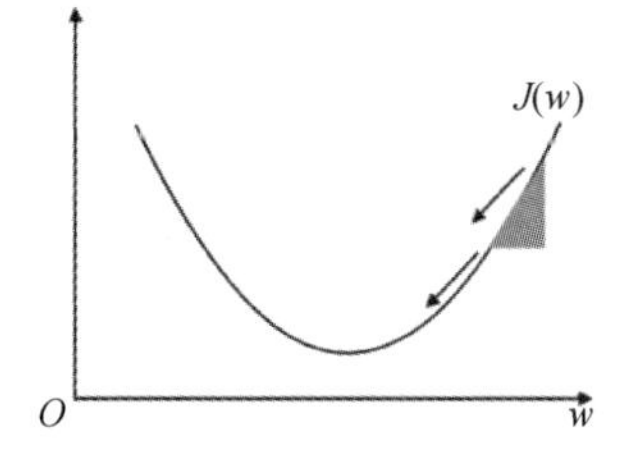

图 2.3　梯度下降实现优化过程的示意图

整个过程可以认为是对 w 参数不断更新的过程。

首先初始化 w_0=0，然后迭代更新参数：

$$w_{t+1} := w_t - \alpha \frac{\partial J\left(w_t, b\right)}{\partial (w)}$$

式中，=表示对 w_t 的更新；α 为学习速率，用来控制步长，表示图 2.3 中 w_t 向左走一步的长度，即 $J(w)$对 w 求导后代入 w_t。

实战中，逻辑回归算法的目标函数 $J(w,b)$包含两个参数，两个参数的梯度下降调优过程可以表示为

$$w_{t+1} := w_t - \alpha \frac{\partial J\left(w_t, b\right)}{\partial w}$$

$$b_{t+1} := b_t - \alpha \frac{\partial J\left(w, b_t\right)}{\partial b}$$

式中，在函数含有多维参数时使用偏导数符号。在多维情况下，要寻找的临界点是梯度中所有元素都为零的点。

2.1.4　模型评估

模型训练环节中，机器学习模型需要具备一定的泛化能力才有应用的价值，因此需要使用测试集数据来评估模型的表现，这是对模型的一种“客观”评价。在实际项目中，有时还会对模型在业务接受度方面进行“主观”的评价，以确保模型可以为业务需求方所理解接受。

在本节内容中，主要以有监督学习常见的二元分类问题为例介绍模型评估指标，简单介绍多元分类模型、回归模型中常见的评估指标，并概括性介绍现阶段能够帮助数据科学家理解模型的常用方法。

1．二元分类模型中常见的评估指标

二元分类问题中将样本分别定义为正样本和负样本时会出现四种情况：如果样本是正样本、被预测成正样本，那么认为预测结果是真阳性（True Positive，TP）；如果样本是负样本、被预测成正样本，那么认为预测结果是假阳性（False Positive，FP）；如果样本是负样本、被预测成负样本，那么认为预测结果为真阴性（True Negative，TN）；如果样本是正样本、被预测成负样本，那么认为预测结果为假阴性（False Negative，FN）。

混淆矩阵是以上述四类情况统计出来的，表 2.1 所示的二元分类问题混淆矩阵结果中，使用 1 作为正样本标识，0 作为负样本标识。

表 2.1　二元分类问题混淆矩阵结果

	预测为 1	预测为 0
实际为 1	TP 的数量	FN 的数量
实际为 0	FP 的数量	TN 的数量

$$\text{Accuracy} = \frac{\text{TP} + \text{TN}}{\text{TP} + \text{FP} + \text{TN} + \text{FN}}$$

$$\text{Precision} = \frac{\text{TP}}{\text{TP} + \text{FP}}$$

$$\text{Recall} = \frac{\text{TP}}{\text{TP} + \text{FN}}$$

可以看出准确率（Accuracy）是最容易理解的，即所有预测正确的数量除以总的数量。精确率（Precision）计算的是预测正确的正样本在整个预测为正样本中的比重，而召回率（Recall）

计算的是预测正确的正样本在整个真实正样本中的比重。因此，一般来说，召回率越高意味着这个模型寻找正样本的能力越强。

AUC 的全称为 Area Under Curve，指曲线下面积，这里的曲线指的是接收者操作特征曲线（Receiver Operating Characteristic Curve，ROC），显示了分类模型在所有分类阈值下的效果。该曲线绘制了两个参数：真阳性率（True Positive Rate，TPR）和假阳性率（False Positive Rate，FPR），公式如下。

$$\mathrm{TPR}=\frac{\mathrm{TP}}{\mathrm{TP}+\mathrm{FN}}$$

$$\mathrm{FPR}=\frac{\mathrm{FP}}{\mathrm{FP}+\mathrm{TN}}$$

由于模型对分类结果的预测是概率值，所以可以根据不同的分数阈值来划分预测类别。例如，若预测分值>0.7，则预测为正样本，反之则为负样本，所以 ROC 曲线可以基于不同分类阈值下的 TPR 与 FPR 来绘制，如图 2.4 所示。

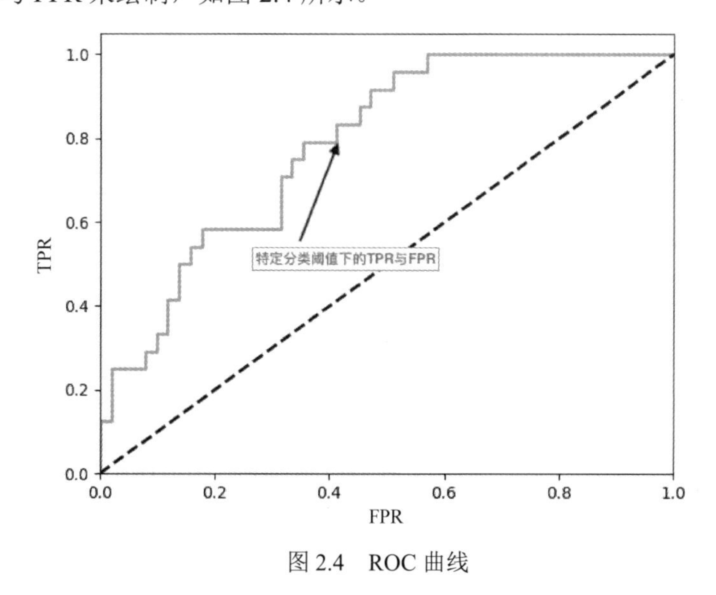

图 2.4 ROC 曲线

基于 ROC 曲线，可以计算 AUC，即计算从(0,0)到(1,1)的 ROC 曲线以下的整个二维面积（计算方法可以参考积分学方法）。

从图 2.4 可以看到，AUC 的数值不会大于 1。AUC 越大，分类器的分类效果越好。AUC =1 是完美分类器，采用这个预测模型时，设定任意阈值都能得到完美预测，但绝大多数预测的场合不存在完美分类器；0.5 < AUC < 1 表示优于随机猜测，这个分类器妥善设定阈值时有预测价值；AUC = 0.5 表示与随机猜测一样，分类器没有预测价值；AUC < 0.5 表示比随机猜测还差。

2. 多元分类模型中常见的评估指标

多元分类模型中的评估指标仍然可以先计算混淆矩阵，再基于混淆矩阵计算其他指标。上面二元分类的混淆矩阵为 2×2 的矩阵，多元分类的混淆矩阵则为 $N\times N$。以三类样本为例，分别用(1, 0, −1)作为标识，假设每类样本的真实数量都为 100，则三元分类问题的混淆矩阵如表 2.2 所示。

表 2.2　三元分类问题的混淆矩阵

	预测为 1	预测为 0	预测为-1
实际为 1	60	20	20
实际为 0	10	70	20
实际为-1	5	15	80

在二元分类的评估指标中，Accuracy、Precision、Recall 是以反映正样本的预测效果为目标的。在评估多元分类模型时，可以将某一类视为正样本，计算模型评估指标，将其他类视为负样本，转换为二元分类的评估方式来计算。以计算 2.2 中-1 类的 Precision 指标为例，-1 类的 TP 数量为 80，FP 数量为 40，Precision=TP/TP+FP=80/120=0.67。

为了综合评估模型效果，通常会使用 micro-average 和 macro-average 方法来计算指标，两者的区别在于 macro-average 方法基于已经计算出的每一类评估指标进行等权重平均，而 micro-average 则基于所有类别的总数计算。

仍以上文中的混淆矩阵为例，分别统计以下每类的 TP 和 FP。

1 类样本：TP=60，FP=15，Precision=0.8；

0 类样本：TP=70，FP=35，Precision=0.67；

-1 类样本：TP=80，FP=40，Precision=0.67；

macro-average Precision = (0.8+0.67+0.67)/3=0.713；

micro-average Precision = (60+70+80)/(60+15+70+35+80+40) = 0.7。

根据这种方法，可以绘制不同类别样本的 ROC 曲线及 micro-average 方法和 macro-average 方法下的 ROC 曲线，并计算对应的 AUC 值，不同类别的 ROC 曲线如图 2.5 所示。

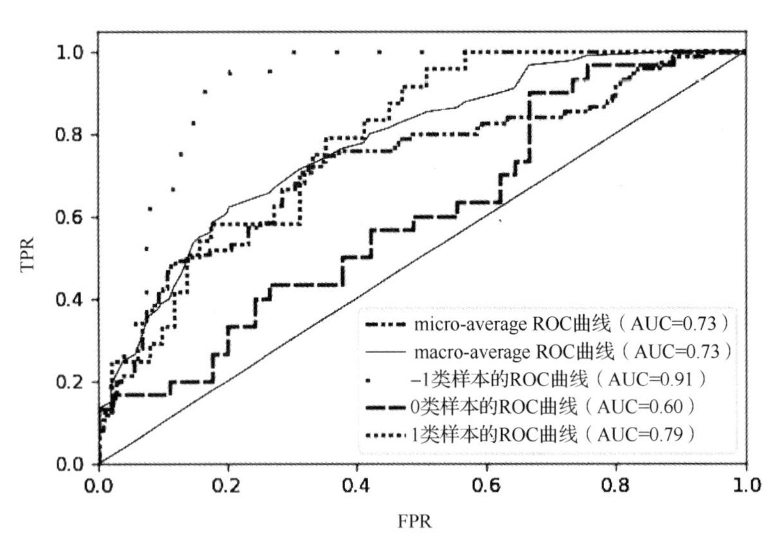

图 2.5　不同类别的 ROC 曲线

3. 回归模型中常见的评估指标

1）均方方差（MSE）

均方误差为参数预测值与参数实际值之差平方的期望值，可以表示为

$$\mathrm{MSE}=\frac{\sum_{i=1}^{n}\left(\left(y_i-\hat{y}_i\right)^2\right)}{n}$$

式中，n 为样本数量；y_i 是样本 i 的实际值；$\hat{y}_i$ 是样本 i 的预测值。从公式上看，MSE 的值越小，说明预测模型描述的实验数据的精确率越高。

2）均方根误差（RMSE）

均方根误差是 MSE 开根号，常用作回归模型的评估。同理，RMSE 的值越小，说明预测模型描述的实验数据的精确率超高。

$$\text{RMSE} = \sqrt{\frac{\sum_{i=1}^{n}\left(\left(y_i - \hat{y}_i\right)^2\right)}{n}}$$

3）平均绝对误差（MAE）

$$\text{MAE}\left(y,\hat{y}\right) = \frac{1}{n}\sum_{i=1}^{n}\left|y_i - \widehat{y_i}\right|$$

RMSE 和 MAE 用于描述预测值与真实值的误差情况。它们的区别在于 RMSE 对波动的预测值更敏感。

4）决定系数（R^2）

$$R^2 = 1 - \frac{\sum_{i=1}^{n}\left(y_i - \hat{y}_i\right)^2}{\sum_{i=1}^{n}\left(y_i - \overline{y}_i\right)^2}$$

如果决定系数是 0，那么说明模型拟合效果很差；如果决定系数是 1，那么说明模型无错误。一般来说，决定系数处于 0 和 1 之间，结果越大表示模型的拟合效果越好。

4．理解模型的常用方法

理解模型是一种主观的模型评估方式，在一些业务领域中是必要的环节。机器学习模型可以从技术指标维度给出评价，但在实际业务应用中，无法理解模型会导致模型无法投产。例如，在信用评分、欺诈检测、犯罪风险预测等领域，如果模型中的一些重要特征是“人种”“年龄”“性别”等具有社会偏见的特征，往往会产生负面的社会影响，那么最终模型也不能继续使用。因此模型的理解是非常重要的。

概括来说，理解机器学习模型是指试图理解和解释模型所建立的特征变量与目标变量之间的映射关系，通常会从特征变量的理解、模型预测结果的理解两个方面入手。

5．特征重要性的计算方法

得到机器学习模型之后，可以通过不同的算法来计算特征变量在模型中的权重，帮助我们理解在模型的决策中哪些特征可能是重要的。比较常用的计算方法是 MDA（Mean Decrease Accuracy）。

计算所得到的模型对验证集的预测表现，如准确率，具体步骤如下。

（1）取一个特征变量，以与其分布相匹配的方式对变量进行扰频（例如，若选择的特征是性别，并且训练集中 60%的样本是男性，则将验证集样本中 60%的样本都随机分配成男性），计算模型对新的验证集的预测表现。

（2）每个特征变量都按照步骤（1）进行操作；

（3）每个特征变量的权重是该特征被替换后所造成的预测表现损失。若预测表现（如准确率）的下降幅度越大，则该值越大，意味着该特征变量越重要。

MDA 方法在随机森林算法中内置使用，也可以使用其他非树类的算法，而且不需要局限于准确率这一评估指标，可以根据实际情况使用其他评估指标来计算。

6. 模型预测结果的理解

理解模型预测结果本质上是要了解模型对每个样本实例做出预测的原因，这种理解方式是对模型的局部可解释性。为了理解模型对单个样本的预测原因，针对性地关注该样本数据点，在该点附近的特征空间中查看局部子区域，并尝试根据此局部区域了解该点的模型决策。局部可解释模型中的不可知论解释（LIME）框架是很好的方法，可用于模型不可知的局部解释，其原理为首先在每个样本数据的特征变量值的周围做微小的扰动，观察模型的预测行为。然后，根据这些扰动的数据点距离原始数据点的距离来分配权重，基于它们学习得到一个可解释的模型和预测结果。

对 LIME 框架的深入了解，可以参考论文 *"Why Should I Trust You?": Explaining the Predictions of Any Classifier*。按照图 2.6 简要介绍，原始模型的决策函数用背景表示，显然是非线性的。加粗的十字符号表示需要被解释的样本实例（称为 X）。首先，在 X 周围生成扰动样本，按照它们到 X 的距离赋予权重。然后，用原始模型预测这些扰动过的样本，并基于预测结果学习一个线性模型（虚线），在 X 附近很好地近似模型，这样就可以用线性模型来理解对该实例的预测。需要注意的是，这个解释只在 X 附近成立，对全局无效。

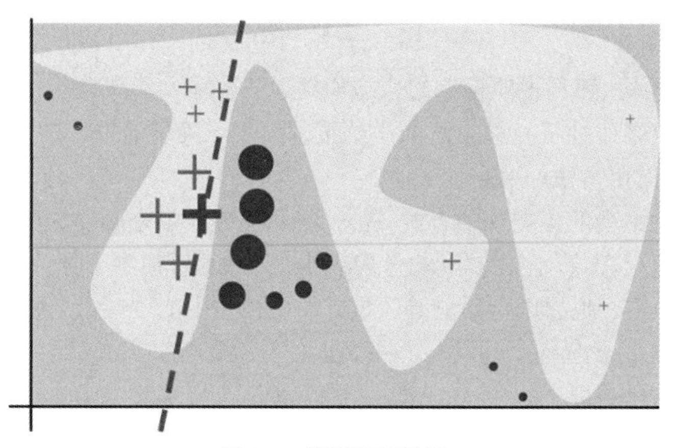

图 2.6 模型预测结果

7. 小结

本节主要从评估指标和模型理解两个方面，介绍了机器学习模型在投产前的评估方式。在决定所得模型是否能够真正投入应用时，该部分工作将起到决定性的作用。许多同学在遇到模型评估效果不好时往往会不知所措，后面将围绕模型的迭代和优化来展开介绍。

2.1.5 模型部署

经过模型评估后，模型可以投产使用，机器学习项目就步入了模型部署环节。这个过程是机器学习项目工作从数据科学阶段到 IT 阶段的转移，因为该环节主要涉及 IT 开发的工作，不作为本课程的重点内容介绍，将简单介绍目前常用的模型部署方法。

模型部署可以按照实际业务需求，分为离线模型部署和实时模型部署两类情况。离线模型部署通常用于跑批预测的情况，如零售商家使用的精准营销模型通常在开展营销活动前对客户群体进行模型预测和筛选。实时模型部署常用于在线的申请评估（如互联网小贷申请）或推荐场景（如电商平台），需要根据用户在线提交的信息，快速给出模型预测结果。

无论是离线模型部署还是实时模型部署，都需要设计模型执行的“数据流”，即“预测样本的输入数据准备-模型调用后执行预测-预测结果输出”的过程。

离线模型部署常用的技术为“脚本+调用工具”，如使用 Python 脚本来完成整个流程的执行，使用 Shell 下的 Crontab 命令来做定时调用。

根据业务需求制定在线模型部署的方案更为复杂，涉及技术架构的设计，如一些大型的电商平台的个性化推荐的模型部署属于高并发、快响应的场景，如果使用复杂模型，那么对工程化能力的要求非常高。也有一些业务模型的部署，数据量小，对响应的要求也低于广告或推荐，可以考虑通过建模技术自带的服务框架来实现模型部署，如 R 语言提供的 R-server 或 Python 的 Flask 等服务化框架。这里推荐一种适用于实时且数据量适中的业务场景的模型部署方案，即结合预测模型标记语言（Predictive Model Markup Language，以下简称 PMML）与 Openscoring 框架来实现模型部署。

PMML 是数据挖掘和机器学习的一种通用规范，它用统一的 XML 格式来描述生成的机器学习模型。Scikit-learn、R、Spark MLlib 生成的模型都可以转换为标准的 XML 格式来存储。将 PMML 模型用于部署时，可以使用目标环境（本节介绍的 Openscoring 支持 Java 环境）解析 PMML 模型的库来加载模型，并做预测。

本节介绍的部署方案，首先需要将离线训练得到的模型转换为 PMML 模型文件，然后将 PMML 模型文件载入在线预测环境进行预测。其中，模型转换为 PMML 可以使用 JPMML 项目提供的工具 Github，支持 Scikit-learn、R、Spark MLlib、Tensorflow 等不同环境生产的模型文件进行转换。PMML 模型的在线预测可以使用 OpenScoring 项目框架，可以非常方便地实现在线模型部署，并得到模型相关的一系列 HTTP 协议接口。

模型部署在实际项目中是需要数据科学家与技术工程师密切配合的工作，本节主要介绍不同场景下的模型部署方案，在实际部署工作中，需要技术工程师结合方案和更具体的业务场景需求进行部署。

2.1.6　模型监控与更新

模型监控的需求发生在模型部署上线之后，定期评估模型对新数据的预测表现、评分稳定性，以及特征变量的稳定性，并根据业务对模型发生变化的解读，做出模型是否需要更新的判断。常用的监控方法主要有群体稳定性指标（Population Stability Index，PSI）。业务上线后，分析该指标来判断模型是否需要更新。

计算 PSI 时，通常使用两份不同时刻产生的数据集，以真实反映业务数据的变化。计算公式如下。

$$\mathrm{PSI}=\sum_{i=1}^{n}\left(R_i-B_i\right)\times ln\left(\frac{R_i}{B_i}\right)$$

式中，R_i 代表最新的数据集在每个区间内的样本占比；B_i 代表建模时的数据集在每个区间内的样本占比。在每个区间段上，首先将两个样本的各自占比相除后取对数，然后乘以各自占比之差，最后将各个区间段的计算值相加，得到最终 PSI。PSI 的计算与 Y（好/坏）无关，与样本数量无关，但与预测分数的区间划分有关，通常将区间划分为 5～10 个。

PSI 的阈值及其含义：

PSI 小于 0.1 时，样本分布有微小变化；

PSI 为 0.1～0.2 时，样本分布有变化；

PSI 大于 0.2 时，样本分布有显著变化。

1．使用 PSI 监控模型预测评分的稳定性

监控模型预测评分的稳定性主要是指将模型部署上线后的样本与建模时的样本比较，使用上述 PSI 指标评价评分稳定性，按照评分划分区间。

2．使用 PSI 监控特征变量的稳定性

监控模型使用的特征变量的稳定性同样使用模型上线后的样本与建模时的样本比较，使用的指标也是 PSI，但不再按照模型预测评分来划分区间，而是按照某个变量来划分区间。

计算每个特征变量的 PSI 值时，需要重点关注 PSI>0.2 的特征变量，说明这些特征变量的分布相较于建模时已经发生比较显著的变化，需要考虑该变化是否是由客户质量变化引起的。

3．业务使用

数据科学家通常会定期提供模型监控数据，业务部门须总结变量出现异常性或趋势性波动的原因，综合评价后考虑是否对模型做出更新。经验性的评价标准可根据业务实际情况调整：

在不同周期的数据集上，出现“AUC 小于 0.6”的情况超过 1 次；

在不同周期的数据集上，出现“PSI 大于 0.2”的情况超过 1 次。

2.1.7 小结

本任务主要介绍机器学习项目实战流程，分别介绍问题定义、数据准备、模型训练、模型评估、模型部署、模型监控与更新这些环节中的具体工作。

通过以上内容的学习，同学们了解了机器学习项目的实战流程，以及流程中各环节要实现的工作目标，对开展机器学习项目能够有清晰的执行计划。

后续任务将介绍 Python 中常用的机器学习框架 Scikit-learn，并结合本章介绍的机器学习实战流程，实现第一个机器学习模型。

任务 2 使用 Scikit-learn 框架完成基本的机器学习项目

Scikit-learn，常简称为 Sklearn，是基于 Python 的一种机器学习框架。

Scikit-learn 提供了包含有监督学习和无监督学习的一系列机器学习技术，也包含了模型选择、特征抽取、特征选择的常见机器学习工作。

Scikit-learn 提供了非常完善的官方文档及案例，本节主要围绕上面实战流程中的主要环节来介绍核心模块。

Scikit-learn 框架的使用

2.2.1 Estimator

Scikit-learn 的使用以 Estimator 的概念为中心，提供了一种面向对象的交互方式。Estimator

是从数据中学习到的任意对象，可以是分类算法、回归算法、聚类算法，或是一个抽取、过滤有用特征的转换算法。

Estimator 的源代码如下：

```
class Estimator(object):
    def fit(self, X, y=None):
        """Fits estimator to data. """
        # set state of ``self``
        return self
    def predict(self, X):
        """Predict response of ``X``. """
        # compute predictions ``pred``
        return pred
```

Estimator.fit 方法声明 Estimator 是基于训练数据集建立的。通常，数据是二维数组（样本数量 n_samples 和特征数量 n_features），包含特征矩阵及一维数组 numpy 的响应变量 y（类别标识或回归数值）。

Estimator 通过 Estimator.predict 的方法提供生成的预测结果。若是回归案例，则 Estimator.predict 返回预测的回归数值；若是分类案例，则返回预测的类别标识。当然，分类器也可以预测类别的概率，可以通过 Estimator.predict_proba 的方法返回结果。

通过 Estimator.fit 和 Estimator.predict 两个方法可以完成机器学习中模型训练和预测。返回预测结果之后，可以用 Scikit-learn 中的 metrics 模块进行模型评估。

2.2.2 Metrics

Scikit-learn 中的 metrics 模块包含了不同算法的评估函数，包括分类、回归、聚类、多标签排序及自定义的评估方法。对于有监督学习的模型评估，函数基本的输入为 y_true 和 y_pred，即响应变量 y 的真实值及模型预测值。以计算二元分类的准确率为例，可以通过 sklearn. metrics 模块中的 accuracy_score()函数直接计算评估效果，代码如下：

```
from sklearn.metrics import accuracy_score
y_pred = [0, 1, 1, 0]
y_true = [0, 1, 0, 1]
accuracy_score(y_true, y_pred)
```

返回准确率，输出结果：

```
0.5
```

2.2.3 小结

本任务主要基于机器学习框架 Scikit-learn 的核心 API，即 Estimator，介绍了模型训练和预测的实现方法，并基于 Metrics 模块介绍了模型评估的实现方法，后面将以泰坦尼克号事件生存预测的数据集为案例，实现一个基本的机器学习流程。

任务 3 实战：泰坦尼克号事件生存预测

泰坦尼克号事件生存预测案例

2.3.1 问题定义

问题定义在机器学习的应用项目中是关键的起步工作，作用是充分理解业务需求，将业务问题定义为建模问题，并初步确定使用的数据范围、算法及模型评估指标。在实际业务中，数据科学家往往要综合考虑业务需求，以便在模型可解释性和准确性两者之间权衡。

本次练习来源于 Kaggle 举办的一次数据竞赛，项目提供了以下文字来描述目标。

“泰坦尼克号事件的沉没是历史上最重大的沉船事件之一。1912 年 4 月 15 日，在首航期间，泰坦尼克号撞上一座冰山后沉没，2224 名乘客和船员中有 1517 人遇难。这一耸人听闻的悲剧震撼了国际社会，并导致了船舶安全条例的优化。沉船导致生命损失的原因之一是乘客和船员没有足够的救生艇。虽然幸存下来有运气的成分，但有些人更有可能幸存，如妇女、儿童和上层阶级。在这个挑战中，你需要分析哪些人可能幸存，并运用机器学习的工具来预测哪些人可以幸存。”

从描述中，可以将项目目标理解为预测“生”与“死”的二元分类问题。常用的二元分类算法及理论知识将在项目 4 中具体介绍。本次练习使用决策树算法完成。

2.3.2 数据准备

基于 2.1.2 节的学习，该阶段的目标主要是完成可用于机器学习算法训练的数据集准备工作。因此，该环节的练习任务：通过对数据的预览和理解，准备可用于模型训练的数据集。该竞赛提供了基础的训练集和测试集数据：

（1）训练文件 train.csv 包含客户真实幸存情况及相关特征，用于模型训练；

（2）测试文件 test.csv 仅包含客户特征，不包含客户真实的幸存情况，用于模型产生预测结果，可提交至 Kaggle 平台评估预测效果。

1. 数据读取及查看

说 明

使用 pandas 模块中的 read_csv()函数载入 train.csv 文件数据，并预览数据。train.csv 文件位于./data/titanic/目录下。

参考代码如下：

```
import pandas as pd
train = pd.read_csv("./data/titanic/train.csv")
train.head(5)
```

读取及查看 train.csv 文件数据的输出结果如表 2.3 所示。

表 2.3　读取及查看 train.csv 文件数据的输出结果

	PassengerId	Survived	Pclass	Name	Sex	Age	SibSp	Parch	Ticket	Fare	Cabin	Embarked
0	1	0	3	Braund, Mr. Owen Harris	male	22	1	0	A/5 21171	7.25	NaN	S
1	2	1	1	Cumings, Mrs. John Bradley (Florence Biggs TH...	female	38	1	0	PC 17599	71.2833	C85	C
2	3	1	3	Heikkinen, Miss. Laina	female	26	0	0	STON/ O2.3101282	7.925	NaN	S
3	4	1	1	Futrelle, Mrs. Jacques Heath (Lily May Peel)	female	35	1	0	113803	53.1	C123	S
4	5	0	3	Allen, Mr. William Henry	male	35	0	0	373450	8.05	NaN	S

2．目标变量分析

使用 DataFrame.info()函数来统计每个变量中非空值的数量，以及当前的变量类型，并选择已满足建模条件的特征变量。

说 明

pandas 将数据载入为 DataFrame 的格式后存储，并自动对变量的数据类型进行定义，但定义类型的合理与否仍须根据变量实际的含义进行核对、修正。该任务要求同学理解每个变量的含义，并对 info()函数返回的变量类型进行检查。

变量含义说明如表 2.4 所示。

表 2.4　变量含义说明

特　征	描　述	值
Survival	生存	0 = No，1 = Yes
Pclass	票类别-社会地位	1 = 1st，2 = 2nd，3 = 3rd
Name	姓名	
Sex	性别	
Age	年龄	
Sibsp	兄弟姐妹/配偶	
Parch	父母/孩子的数量	
Ticket	票号	
Fare	乘客票价	
Cabin	客舱号码	
Embarked	登船港口	C=Cherbourg，Q=Queenstown，S=Southampton

参考代码如下：

```
# 使用 info()函数统计 train 中非空值的数量及变量类型
```

```
train.info()
```

输出结果：

```
<class 'pandas.core.frame.DataFrame'>
RangeIndex: 891 entries, 0 to 890
Data columns (total 12 columns):
PassengerId    891 non-null int64
Survived       891 non-null int64
Pclass         891 non-null int64
Name           891 non-null object
Sex            891 non-null object
Age            714 non-null float64
SibSp          891 non-null int64
Parch          891 non-null int64
Ticket         891 non-null object
Fare           891 non-null float64
Cabin          204 non-null object
Embarked       889 non-null object
dtypes: float64(2), int64(5), object(5)
memory usage: 83.6+ KB
```

小结：

（1）数据中的分类型变量包括 Survived、Pclass、Sex、Embarked；数值型变量包括 Age、SibSp、Parch、Fare。剩余的 Name、Ticket 及 Cabin 变量属于混合型变量，需要进一步加工处理。info()函数返回的变量类型与业务理解相符。

（2）变量 Age、Cabin、Embarked 存在缺失值。

（3）object 对象类型的变量表示该变量中存在字符串，这类变量需要处理后才能进行建模。

（4）Survived 为目标变量（因变量 Y）；PassengerId 为索引，无须在建模中使用；可直接用于后续建模的特征变量（自变量 X）有 SibSp、Parch、Fare。

3. 特征矩阵和目标变量准备

使用 pandas 常用的数据选择方法构建可用于 Scikit-learn 模型训练的数据集。

目标变量 Y 直接使用 Survived 字段，可直接使用的特征变量为 SibSp、Parch、Fare。

说 明

2.2.1 节介绍了机器学习框架 Scikit-learn 中的 Estimator，并介绍了 Estimator.fit 方法接收的数据，应分别包含特征矩阵 $\boldsymbol{X}$ 及一维数组 $\boldsymbol{y}$（目标变量）。因此，本次任务需要分别准备特征矩阵和目标变量。参考代码如下：

```
trainY = train['Survived']
trainX = train[['SibSp', 'Parch', 'Fare']]
```

2.3.3 模型训练

1．训练集与验证集的划分

（1）基于上一任务结果划分出验证集用于模型评估，剩余数据用于模型训练。

（2）Scikit-learn 提供的 model_selection.train_test_split()函数可以进行数据集划分，该函数接收两个参数 *X* 和 *Y*，包括将要用到的训练集和验证集的所有数据，对应于上面得到的 trainX 和 trainY。函数返回四个数据集，即训练集 *X*、训练集 *Y*、验证集 *X* 和验证集 *Y*，分别用 train_X、train_y、val_X、val_y 四个变量来接收。test_size=0.20 的参数设置代表了期望分割的验证集样本量占分割前数据集的 20%，random_state=1 的参数设置为了确保随机抽样的结果可以复现。

说 明

Kaggle 提供的 test.csv 的数据文件中并没有目标变量 Survived，若想评估模型效果，则需要将预测结果提交到 Kaggle 上进行评价，这会对后续迭代、优化模型效果造成很大的不便。因此，可以从训练集中抽取一部分样本，不参与模型训练，仅用于模型预测评估，将其作为验证集。

参考代码如下：

```
from sklearn.model_selection import train_test_split
train_X, val_X, train_y, val_y = train_test_split(trainX, trainY,
test_size=0.20,random_state=1)
```

2．正、负样本的平衡性检查

使用 pandas 模块中的 value_counts()函数对 train_y 进行正、负样本数量的统计。

说 明

通过上述步骤得到了真正用于建模的训练集 train_X、train_y，以及用于评估模型效果的验证数据集 val_X、val_y。在进行模型训练之前，首先要检查训练集中的正、负样本平衡性，若正、负样本严重不平衡，则需要进行处理。关于样本平衡性的检查及处理方法，在项目 3 中会具体介绍。参考代码如下：

```
train_y.value_counts()
```

输出结果：

```
0    443
1    269
Name: Survived, dtype: int64
```

小结：train_y 中两类样本的数量属于可接受的比例范围，所以不对该训练集做进一步抽样处理，直接进行第一次模型训练。

3. 基于决策树的模型训练

可以使用 sklearn 模块中的 tree.DecisionTreeClassifier()函数来实现决策树算法。

2.2.1 节介绍了 sklearn 模块中使用 Estimator 来进行模型训练和预测。tree.DecisionTreeClassifier 是 sklearn 模块提供的决策树分类器，所以可以使用 fit()函数来进行模型训练。参考代码如下：

```
from sklearn import tree
# 实例化一个决策树分类器 clf
clf = tree.DecisionTreeClassifier(random_state=1)
# 使用 clf.fit()函数，基于 train_X、train_y 数据训练模型
clf = clf.fit(train_X, train_y)
```

到此为止，恭喜你得到了自己创建的第一个模型。

2.3.4 模型评估

模型评估的基本思路：使用模型对用于评估的数据集（通常称为验证集或测试集）进行预测，得到预测值；将预测值与真实值进行比较，可使用不同的评估指标进行计算。

（1）使用上述分类器 clf 的 predict()函数预测 val_X 数据集，得到预测值 val_pred；

（2）使用 metrics.accuracy_score()函数计算准确率，该函数接收两个参数，分别为真实值数据和预测值数据。

参考代码如下：

```
val_pred = clf.predict(val_X)
val_pred
```

输出结果：

```
array([0, 0, 0, 0, 1, 0, 1, 0, 1, 0, 0, 0, 0, 0, 0, 0, 0, 0, 0, 1, 0, 0,
       0, 0, 0, 0, 1, 0, 0, 1, 0, 1, 1, 1, 0, 0, 1, 0, 0, 0, 0, 1, 1, 0,
       1, 0, 0, 0, 1, 0, 0, 0, 0, 0, 0, 0, 1, 1, 0, 0, 0, 1, 0, 0, 0,
       1, 0, 0, 1, 0, 0, 0, 0, 0, 0, 1, 0, 1, 1, 0, 0, 0, 0, 1, 0, 0, 0,
       0, 0, 0, 0, 0, 0, 0, 0, 0, 0, 0, 0, 0, 0, 0, 0, 1, 0, 0, 1, 0, 0,
       1, 0, 0, 0, 0, 0, 0, 1, 1, 0, 1, 1, 0, 0, 1, 1, 0, 0, 0, 0, 0, 0,
       1, 1, 0, 1, 1, 0, 0, 0, 0, 0, 1, 0, 0, 0, 0, 0, 1, 0, 1, 0, 0, 0,
       0, 0, 0, 0, 1, 0, 1, 0, 0, 1, 0, 0, 1, 0, 0, 1, 1, 0, 1, 0, 0, 0,
       1, 1, 1])
```

使用预测结果评估模型准确率，参考代码如下：

```
from sklearn.metrics import accuracy_score
accuracy = accuracy_score(val_y, val_pred)
accuracy
```

输出结果：

```
0.6759776536312849
```

2.3.5 小结

通过本次练习，我们已经掌握了基础的机器学习项目实战流程，即问题定义、数据准备、模型训练、模型评估。得到的第一个机器学习模型为决策树模型，对验证集预测的准确率为67.6%左右。如何进一步优化模型的预测能力？接下来将围绕机器学习项目流程中的不同环节进行模型的迭代、优化，主要针对数据准备和模型训练两个环节开展工作。

项目 3

探索性数据分析与特征工程

项目目标

知识目标

- 掌握数据分析的工作流程；
- 掌握特征工程的作用和方法；
- 能够对数据进行特征抽取和特征转换。

能力目标

- 能够探索数据集中的变量相关性，以及单个特征呈现的规律；
- 能够对原始变量进行特征工程，生成新的特征；
- 能够使用特征工程后的特征优化模型。

素质目标

- 通过介绍泛化的原理，培养学生知识迁移的创新能力，以及温故知新、触类旁通的创新思维；
- 通过分析项目，帮助学生养成实际项目工作中计划先行及代码管理的职业习惯。

引言

前面章节介绍了机器学习项目实战流程，并在练习中要求同学们完成了基本的机器学习项目，其中，对数据准备工作只进行了基础性的介绍和练习，以确保同学能够体会机器学习的整体工作。

本章将重点讲述数据准备环节中探索性数据分析与特征工程的相关知识，以便同学们能够更好地开展机器学习项目。

任务1 知识准备

探索性数据分析

3.1.1 探索性数据分析

探索性数据分析，在数据科学领域中简称为 EDA（Exploratory Data Analysis）。探索性数据分析的目的是基于问题定义的目标，总结当前数据中与目标变量有一定规律性的特征用于后续建模，这对于创建一个合理的模型是相当重要的，因此也被认为是模型训练前的关键步骤。

探索性数据分析主要使用统计分析和数据可视化手段来对数据集进行总结，常用的技术：数据统计（如均值、最大值、最小值、分位数等），直方图（数值型变量分析）及柱状图（分类型变量分析），相关性分析及相关性矩阵热力图（用于分析变量之间的相关关系）。除了上述常用的分析技术，还有密度图（Density Plot）、箱线图（Box Plot）等来反映数据分布。本节基于上述方法介绍探索性数据分析的工作流程，让同学们能够清晰地开展数据分析工作。探索性数据分析的工作流程：数据集整体描述、单变量分析、多变量分析、变量处理方案总结。

完成探索性数据分析的流程之后，将进入特征工程的阶段，对于新产生的特征数据同样可以使用该流程进行分析。本节仍以泰坦尼克号事件生存预测案例的数据集为例，展开介绍各环节的具体工作。

1. 数据集描述

数据集描述的目标是明确当前数据集的样本数量、变量数量及数据类型，对于数据类型与实际业务不符的情况进行校正，并在后续分析中按照不同的数据类型进行探索性数据分析。

以泰坦尼克号事件生存预测案例的训练集数据为例，查看该数据集的维度、变量名称及变量数据类型。使用 pandas 模块中的 shape 查看数据集维度，参考代码如下：

```
import pandas as pd
df = pd.read_csv("../data/train.csv")
print(df.shape)
```

输出结果：

```
(891, 12)
```

从返回结果中，可见该数据集共包含 891 行、12 列。可以用 pandas 模块中的 columns 查看每列的名称，参考代码如下：

```
print(df.columns)
```

输出结果：

```
Index(['PassengerId','Survived', 'Pclass', 'Name', 'Sex', 'Age', 'SibSp',
      'Parch', 'Ticket', 'Fare', 'Cabin', 'Embarked'],
     dtype='object')
```

查看变量类型的方法在前面介绍过 info()函数，可以返回整个数据集的基本信息，代码如下：

```
print(df.info())
```

输出结果：

```
<class 'pandas.core.frame.dataframe'>RangeIndex: 891 entries, 0 to 890
Data columns (total 12 columns):
PassengerId   891 non-null int64
Survived      891 non-null int64
Pclass        891 non-null int64
Name          891 non-null object
Sex           891 non-null object
Age           714 non-null float64
SibSp         891 non-null int64
Parch         891 non-null int64
Ticket        891 non-null object
Fare          891 non-null float64
Cabin         204 non-null object
Embarked      889 non-null objectdtypes: float64(2), int64(5), object(5)
memory usage: 83.6+ KB
None
```

从返回结果中，可以实现：

（1）对照实际业务含义，检查是否有不正确的数据类型并予以修改；

（2）已知的样本数量为 891，任何数量小于 891 的变量可识别为有缺失值的变量，如 Age、Cabin。

2. 单变量分析

关于单变量分析，主要对变量分布进行统计、计算及可视化，目的是了解其分布规律并检查是否有异常值。由于使用的方法略有不同，实战中会将变量按照数值型变量和分类型变量区分处理。

1）数值型变量的单变量分析

以数据集中的 Fare 变量为例，可以用 describe()函数对其进行统计分析，代码如下：

```
df['Fare'].describe()
```

输出结果：

```
count    891.000000
mean      32.204208
std       49.693429
min        0.00000025%      7.91040050%      14.45420075%      31.000000
max      512.329200
25%        7.910400
50%       14.454200
```

```
75%      31.000000
Name: Fare, dtype: float64
```

从返回结果可以看出，describe()函数返回了 Fare 变量基础的统计数据，count 代表变量中非缺失值数值的数量，数量为 891，与样本数量一致，表明该变量没有缺失值。还可得到 Fare 变量的均值、标准差、最小值、最大值、中位数，以及 25%、75%分位数数值。

可以通过可视化方法进一步直观了解该变量的分布特点。最简单的方法是直接使用 pandas 模块中的 hist()函数来作图，参考代码如下：

```
%matplotlib inline
df['Fare'].hist(figsize=(12,4))
```

输出结果：数值型变量 Fare 分布直方图如图 3.1 所示。

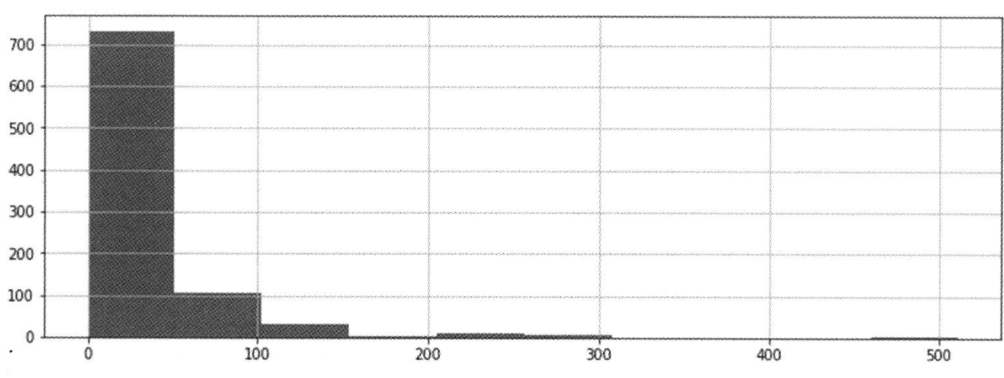

图 3.1　数值型变量 Fare 分布直方图

输出的直方图是将变量等分为多个区间后的统计结果，包含了变量的分布特征，如高斯分布、指数分布等。了解特征变量的分布对后续机器学习建模非常重要，因为机器学习算法中通常假设数据符合某种特定分布，多数是高斯分布。

可以看出，Fare 变量的分布明显出现右偏态（右侧出现长尾），在实战中如果某个变量的偏度过高，那么可以对其进行对数变换（log 变换），使其分布更为对称（3.1.4 节将会介绍特征转换）。这里可以在变量处理方案中记录下 Fare 变量需要进行 log 变换，便于后续工作。

2）分类型变量的单变量分析

以性别变量 Sex 为例，同样可以使用 describe()函数计算统计特征，也可以使用 value_counts()函数进行统计分析，代码如下：

```
df['Sex'].value_counts()
```

输出结果：

```
male      577
female    314
Name: Sex, dtype: int64
```

value_counts()函数返回分类型变量中各类别的样本数量，也可以将其参数的 normalize 设置为 True，计算各类别的占比，参考代码如下：

```
df['Sex'].value_counts(normalize=True)
```

输出结果：

```
male      0.647587
female    0.352413
Name: Sex, dtype: float64
```

对于分类型变量，可以直接使用柱状图来展示其分布，参考代码如下：

```
df['Sex'].value_counts().plot.bar()
```

输出结果：分类型变量 Sex 柱状图分布如图 3.2 所示。

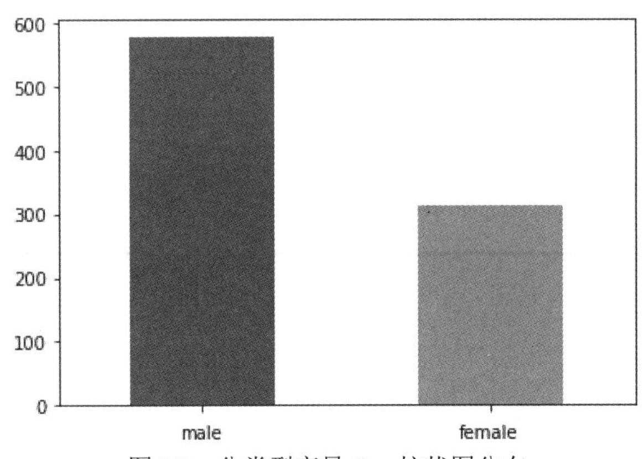

图 3.2　分类型变量 Sex 柱状图分布

3．多变量分析

多变量分析的主要目的是发现两个及两个以上变量之间的关系。在机器学习实战中，通常使用相关性矩阵的计算方法，发现变量中与目标变量相关度较高的特征，先剔除特征变量之间相关性过高的特征，再逐一用可视化方法分析特征变量与目标变量之间的关系。

1）相关性矩阵

常用的相关性计算方法包括 Pearson 相关系数、Kendall Tau 相关系数和 Spearman 秩相关系数三种。使用 pandas 模块中的 corr()函数来实现相关性矩阵的计算，该函数支持上述三种方法的计算，通常使用默认的 Pearson 相关系数，参考代码如下：

```
df_corr = df.drop('PassengerId', axis=1).corr()
```

输出结果：PassengerId 相关性矩阵如表 3.1 所示。

表 3.1　PassengerId 相关性矩阵

	Survived	Pclass	Age	SibSp	Parch	Fare
Survived	1.000000	−0.338481	−0.077221	−0.035322	0.081629	0.257307
Pclass	−0.338481	1.000000	−0.369226	0.083081	0.018443	−0.549500
Age	−0.077221	−0.369226	1.000000	−0.308247	−0.189119	0.096067
SibSp	−0.035322	−0.083081	−0.308247	1,000000	0.414838	0.159651
Parch	0.081629	0.018443	−0.189119	0.414838	1.000000	0.216225
Fare	0.257307	−0.549500	0.096067	0.159651	0.216225	1.000000

corr()函数在默认情况下不会对 object 类型的变量进行计算，在计算之前使用 drop()函数，剔除了索引字段 PassengerId 整列，不参与相关性分析。

在 Pearson 相关性的计算结果中，结果接近 0 说明两个变量间无相关性；大于 0 说明两个变量为正相关；小于 0 是负相关。绝对值越接近于 1，说明相关性越强。

为了能够直观地反映相关性情况，在实际操作中经常会使用热力图来展示相关性矩阵，通过颜色深浅可以直观感受相关性情况。将得到的相关性矩阵结果 df_corr 输入 seaborn 模块中的 heatmap()函数，就可以实现相关性的热力图，参考代码如下：

```
import seaborn as snsimport matplotlib.pyplot as plt
%matplotlib inline
# 绘制相关性热力图#设置画布大小
fig = plt.subplots(figsize=(15,9))
#绘制热力图
fig = sns.heatmap(train_corr, vmin=-1, vmax=1, annot=True, square=True,
cmap='binary_r')
```

输出结果：相关性热力图如图 3.3 所示。

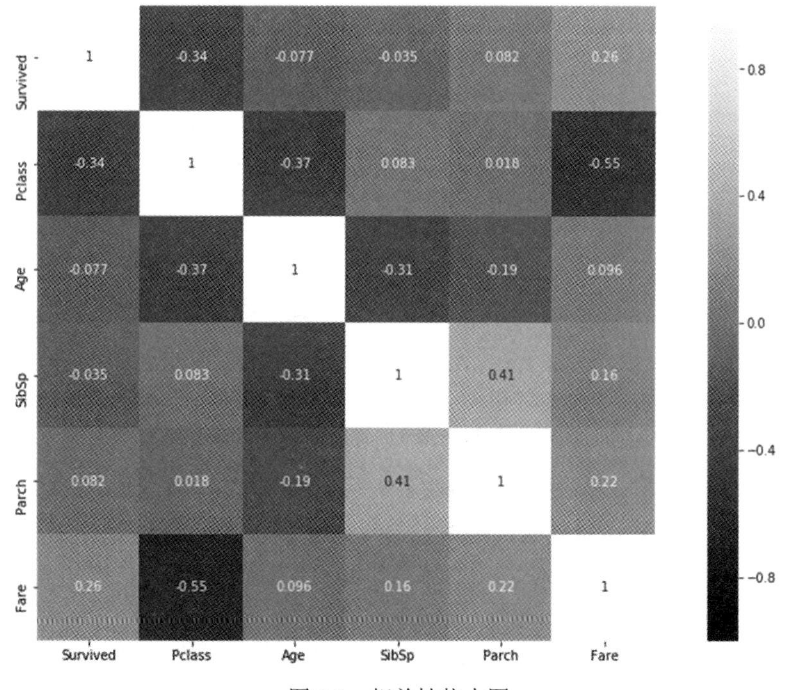

图 3.3 相关性热力图

基于相关性分析的结果，可以选择值得进一步分析的特征变量。

变量 Pclass、Fare、Age、SibSp、Parch 与目标变量 Survived 有一定的相关性，尤其是 Pclass、Fare 两个变量与 Survived 变量之间的相关性较高，可以进一步分析每个变量与目标变量之间的关系并制定特征工程的方案。

由于 Sex 和 Embarked 两个变量未进行相关性分析，也可以通过单独分析其与目标变量之间的关系来进一步确定加工方案。

2）分类型变量与分类型变量的关系分析

通常通过相关性分析，可以发现数值型变量（如 Fare）或用数字标识的分类型变量（如 Survived、Pclass）之间的关系。对于特征变量为非数字标识的分类型变量的分析，可以用数字标识转换后进行相关性计算，也可以通过统计和可视化的方法进行直观的判断。

首先可以通过 pivot 的方式统计、合并两个变量，然后使用柱状图的方式展示分析。pivot 的操作可以通过 pandas 模块中的 pivot_table()函数实现，该函数主要接收三个参数：

（1）values——用于统计计算的变量列表；

（2）index——用于分组的变量列表；

（3）aggfunc——用于分组统计计算的方法，如 sum、mean、maximum、minimum 等，默认为 mean。

以分析性别变量 Sex 和目标变量 Survived 为例，代码如下：

```
sex_pivot = df.pivot_table(values="Survived", index="Sex")
sex_pivot.plot.bar()
```

输出结果：性别变量 Sex 和目标变量 Survived 关系分析如图 3.4 所示。

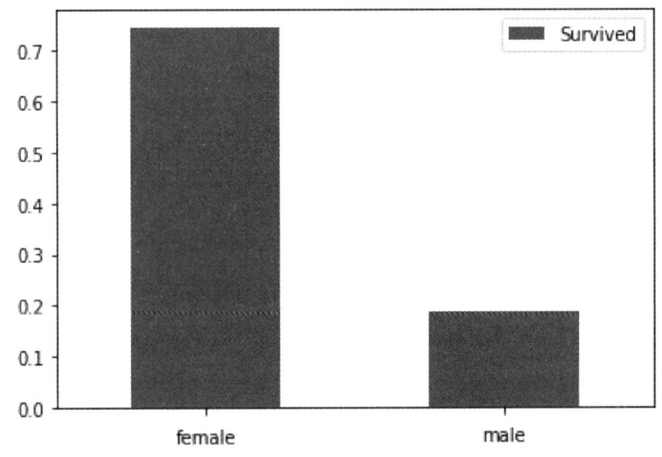

图 3.4　性别变量 Sex 和目标变量 Survived 关系分析

通过上述操作，将样本按照性别进行分组，分为 male 和 female 两组，并对每组中 Survived 变量进行默认的均值计算后，用柱状图展示计算结果。由于 Survived 变量用 1 和 0 表示是否幸存，所以均值可以认为是每个区间内幸存人数在区间内总人数中的占比。结果显示，性别为 female 的区间内幸存人数占比更高。

根据对性别变量 Sex 与目标变量的分析，女性乘客幸存的概率远高于男性，目标变量有一定的区分性，可以用于进一步的特征处理和建模。

3）数值型变量与分类型变量的关系分析

数值型变量与分类型变量也可以通过可视化的方式进行分析。可以按照分类型变量的类别拆分数据集，用直方图的方式分别展示不同类别下该数值型变量的分布。以年龄变量 Age 和目标变量 Survived 为例，代码如下：

```
survived = df[df["Survived"] == 1]
died = df[df["Survived"] == 0]
```

```
    survived["Age"].plot.hist(alpha=1,color='white',edgecolor='black',bins=50,h
atch="//",width=0.8)
    died["Age"].plot.hist(alpha=0.8,color='blue',bins=50,width=0.8)
    plt.legend(['Survived','Died'])
    plt.show()
```

输出结果：年龄变量 Age 和目标变量 Survived 关系分析如图 3.5 所示。

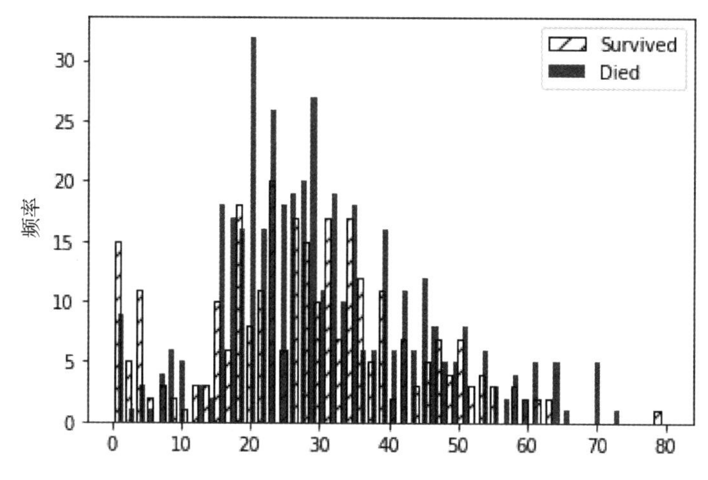

图 3.5　年龄变量 Age 和目标变量 Survived 关系分析

通过上述代码操作，按照 Survived 变量中 1 和 0 将数据集分为两组，并将两组数据的 Age 变量的统计直方图绘制在一起进行比较。从输出图中可以看出，在部分年龄区间内，斜线柱图高于黑色柱图，表明幸存者更多，但总体很难看出年龄变量与目标变量之间的规律性关系。对于这种情况，可以采用特征工程中常用的离散化方法加工新的特征，以发现更明显的规律。具体的方法将在 3.1.2 节介绍。

4．变量处理方案总结

通过上述的探索性数据分析，在数据集中筛选与目标问题相关的变量，并逐一分析和理解，主要通过统计分布、相关性计算与可视化相结合的方式，选择有价值的变量用于特征工程和建模的环节。

在探索性数据分析的过程中，建议同学们养成记录的习惯，将每个变量的分析结论记录下来，形成特征加工方案。变量分析结论如表 3.2 所示。

表 3.2　变量分析结论

变 量 名 称	变 量 类 型	规律性发现	变量处理计划
Sex	分类型	女性幸存率较高	须进行独热编码转换
Age	数值型	部分区间幸存率较高	可先进行离散化处理，再进行独热编码转换

5．小结

探索性数据分析常被认为是一种技巧性的工作，是体现机器学习工编者数据分析能力和思维的环节，需要在实战中不断地体会和练习。本节主要介绍探索性数据分析工作中常用的方法，以及基本的探索性分析思路，希望同学们可以掌握该环节工作的基本技能，并通过更多的实战练习强化数据分析能力。

3.1.2 特征工程

1. 特征工程的主要作用

关于特征工程，业界有一句广为流传的话：数据和特征决定了机器学习的上限，而模型和算法只是逼近这个上限而已。那么究竟什么是特征工程呢？顾名思义，特征工程本质上是一项工程活动，目的是最大限度地从原始数据中抽取特征以供算法和模型使用。

在机器学习中，特征是观测现象中的一种独立、可测量的属性。选择信息量大、有差别性、独立的特征是模式识别、分类和回归的关键一步。最初的原始特征数据集可能太大，或者信息冗余，因此在机器学习的应用中，一个初始步骤就是选择特征的子集，或构建一套新的特征集，以减少功能来促进算法的学习，提高泛化能力和可解释性，这个过程称为特征工程。

本质上来说，呈现给算法的数据应该拥有基本数据的相关结构或属性。特征工程其实是将数据属性转换为数据特征的过程，属性代表了数据的所有维度。在数据建模时，对原始数据的所有属性进行学习，并不能很好地找到数据的潜在趋势，而通过特征工程对数据进行预处理，算法模型能够减少噪声的干扰，更好地找出趋势。事实上，好的特征甚至能够使用简单的模型达到很好的效果。但是对于特征工程中引用的新特征，需要验证它是否确实提高了预测的准确度，而不是加入一个无用的特征，否则只会增加算法运算的复杂度。特征工程通过一系列的工程活动，将这些信息使用更高效的编码方式（特征）表示。使用特征表示的信息，信息损失较少，原始数据中包含的规律依然可以保留。此外，新的编码方式还需要尽量减少原始数据中不确定因素（白噪声、异常数据、数据缺失等）的影响。

在表格数据中，观测数据或实例（对应表格的一行）由不同的变量或属性（对应表格的一列）构成，这里的属性就是特征。但是与属性一词不同的是，特征是对于分析和解决问题有用、有意义的属性。在机器视觉中，一幅图像是一个观测，但是特征可能是图中的一条线；在自然语言处理中，一个文本是一个观测，但是其中的段落或词频可能才是一种特征；在语音识别中，一段语音是一个观测，但是一个词或音素才是一种特征。特征的重要性是对特征进行选择的预先指标，特征首先根据重要性分配分数，然后根据分数不同进行排序，其中高分的特征被选择出来放入训练数据集。若与因变量（预测的事物）高度相关，则这个特征可能很重要，相关系数和独立变量方法是常用的方法。

在构建模型的过程中，一些复杂的预测模型会在算法内部进行特征重要性的评价和选择，如多元自适应回归样条（Multivariate Adaptive Regression Splines， MARS）、随机森林（Random Forest）、梯度提升机（Gradient Boosting Machines）。这些模型在模型准备阶段会进行变量重要性的确定。一些观测数据直接建模会导致原始状态的数据太多。以图像、音频和文本数据为例，如果将其视为表格数据，那么其中包含了数以千计的属性。特征抽取是自动地对原始观测降维，使其特征集合小到可以进行建模的过程。对于表格式数据，可以使用主成分分析（Principal Component Analysis，PCA）、聚类等映射方法；对于图像数据，可以进行线（Line）或边缘（Edge）的提取；对于图像、视频和音频数据，可以使用数字信号处理的方法。

不同的特征对模型准确度的影响不同，有些特征与要解决的问题不相关，有些特征是冗余信息，这些特征都应该被移除。特征选择是自动地选择出对于问题最重要的那些特征子集的过程。特征选择算法可以使用评分的方法进行排序；可以通过反复试验搜索出特征子集，自动地创建并评估模型以得到客观的、预测效果最好的特征子集；也可以将特征选择作为模型的附加功能，逐步回归（Stepwise Regression）就是一种在模型构建过程中自动进行特征选择的算法。

特征重要性向使用者解释了特征的客观特性，但从原始数据中提取特征之后，需要人工进行特征的构建。特征构建需要花费大量时间对实际样本数据进行处理，思考数据的结构及如何将特征数据输入预测算法。对于表格数据，特征构建意味着将特征进行混合或组合以得到新的特征，或通过对特征进行分解或切分来构建新的特征；对于文本数据，意味着设计出针对特定问题的文本指标；对于图像数据，意味着自动过滤，得到相关的结构。

2．特征工程的常见方法

特征工程的常见方法包括时间戳、离散型变量、分箱/分区、交叉特征、特征选择、特征缩放和特征抽取。

1）时间戳

时间戳通常需要分离成多个维度，如年、月、日、小时、分、秒等。但在很多的应用中，大量的信息是不需要的，因此在呈现时间的时候，需要保证数据是模型所需要的，并且当加入的数据源为不同的地理数据源时，需要利用时区将数据标准化。

2）离散型变量

举一个简单的例子，由{红，黄，蓝}组成的离散型变量，最常用的方式是把每个变量值转换成二元属性，即从{0，1}中取一个值，也就是独热编码（One-Hot Encoding）。One-Hot 的基本思想：将离散型特征的每一种取值都视为一种状态，若这一特征中有 *N* 个不相同的取值，则可以将该特征抽象成 *N* 种不同的状态。One-Hot 编码保证了每一种取值只会使得一种状态处于“激活态”，也就是说这 *N* 种状态中只有一个状态位的值为 1，其他状态位都是 0。以学历为例，研究的类别为小学、中学、大学、硕士、博士五种类别，使用 One-Hot 对其编码就会得到：

```
小学->{[1,0,0,0,0]}
中学->{[0,1,0,0,0]}
大学->{[0,0,1,0,0]}
硕士->{[0,0,0,1,0]}
博士->{[0,0,0,0,1]}
```

3）分箱/分区

在有些算法的应用中，通过将一定范围内的数值划分成确定的块，将连续型变量转换成类别进行呈现更有意义，同时能够减少噪声的干扰。例如，要预测具有哪些特征的人会购买某网店的商品，用户的年龄是一个连续的变量，可以将年龄分为 15 以下、15～24、25～34、35～44、45 及以上。可以使用标量值，因为相近的年龄表现出相似的属性。只有在了解变量的领域知识的基础上，确定属性能够划分成简洁的范围时分区才有意义，即所有的数值落入一个分区时能够呈现出共同的特征。在实际的运用中，分区能够避免过拟合。例如，如果将一座城市作为总体，那么可以将所有落入该城市的维度整合成一个整体。分箱将一个给定值划入最近的块中，能减少错误的影响。如果划分范围的数量和所有可能值相近，或者对准确率要求很高时，那么分箱处理就不合适了。

4）交叉特征

交叉特征是特征工程中非常重要的方法，它将两个或更多的类别属性组合成一个特征。当组合的特征比单个特征更好时，交叉特征是一项非常有用的技术。数学上，该方法对类别特征的所有值进行交叉相乘。假设拥有一个特征 *A*，*A* 有两个可能值{A1，A2}，拥有一个特征 *B*，存在可能值{B1，B2}。那么 *A* 与 *B* 之间的交叉特征为{（A1，B1），（A1，B2），（A2，B1），（A2，B2）}，可以给这些组合特征取任何名字，但是需要明白每个组合特征代表着 *A* 和 *B* 各自信息的协同作用。

5）特征选择

为了得到更好的模型，使用某些算法自动地选出原始特征的子集。这个过程不会构建或修改现有的特征，但是会通过修剪特征来达到减少噪声和冗余。在数据特征中存在与待解决问题无关的需要被移除的特征，也存在一些对于提高模型的准确率有重要作用的特征，还有一些特征与其他特征放在一起会出现冗余，特征选择是通过自动选择对于解决问题最有用的特征子集来解决上述问题的过程。特征选择算法可能会用到评分方法来排名和选择特征，如相关性或其他确定特征重要性的方法；也可能需要通过试错来搜索出特征子集；还有通过构建辅助模型的方法，逐步回归就是模型构建过程中自动执行特征选择算法的一个实例；Lasso 回归和岭回归等正则化方法也是特征选择的方法，它们通过将额外的约束或者惩罚项加入已有模型（损失函数），避免过拟合，提高泛化能力。

6）特征缩放

有时某些特征比其他特征拥有高得多的跨度值。例如，将一个人的收入和他的年龄进行比较。某些模型（如岭回归）要求必须将特征值缩放到相同的范围值内。通过缩放可以避免某些特征获得与其他特征数值相差非常悬殊的权重值。

7）特征抽取

特征抽取涉及从原始属性中自动生成新特征集的一系列算法，如降维算法。特征抽取是自动将观测值降维到足够建模的小数据集的过程。对于列表数据，可以使用的方法包括一些投影方法，如主成分分析和无监督聚类算法；对于图形数据，可以使用直线检测和边缘检测，对于不同领域有不同的方法。特征抽取的关键点在于这些方法是自动的（虽然可能需要从简单方法中设计和构建得到），并能够解决不受控制的高维数据的问题。在大部分情况下，特征抽取是将这些不同类型数据（如图、语言、视频等）存储成数字格式来进行模拟观察的过程。

3.1.3 特征抽取

多数机器学习的教材案例中都准备了可以直接使用的数据集，然而在实战中很少会遇到这种理想的状况，所以实战中的特征抽取是特征工程的首要任务。下面将按照实战中经常遇到的数据情况进行介绍。

1. 文本数据的特征抽取

实战中可以从许多文本信息中抽取特征用于描述分析对象，如从评论中抽取特征来进行商品描述、从邮件内容中抽取特征进行垃圾邮件识别等。文本处理的方法有很多，这里主要介绍 TF-IDF 和词向量两种方法。

1）TF-IDF

TF-IDF 称作词频-逆向文档频率，是在文本挖掘中广泛使用的一种特征向量化方法，可以体现文档中词语在语料库中的重要程度。其基本思想：一个词语在一篇文章中出现的次数越多，同时在所有文档中出现的次数越少，越能够代表该文章。计算原理如下。

词频（Term Frequency，TF），代表某一个给定的词语在该文档中出现的次数。这个数字通常会被归一化（一般是词频除以文章总词数），以防止它偏向长文档。

$$\mathrm{TF}(w,D)=\frac{\text{文档}\,D\,\text{中词语}\,w\,\text{出现的次数}}{\text{文档}\,D\,\text{中所有词语数目}}$$

逆向文档频率（Inverse Document Frequency，IDF）的主要思想：若包含词语 w 的文档数量越少，IDF 越大，则说明词语具有很好的类别区分能力。可以先将文档总数除以包含该词语的文档数量，再将结果取对数得到某一特定词语的 IDF。

$$\mathrm{IDF}(w,D)=\log\frac{\text{语料库中文档}\,D\,\text{总数}}{\text{包含词语}\,w\,\text{的文档}\,D\,\text{数量}}$$

最后计算 TF-IDF：

$$\text{TF-IDF}=\mathrm{TF}\times\mathrm{IDF}$$

通过 TF-IDF 的计算可以看出，TF-IDF 倾向于过滤掉常见的词语，保留重要的词语。对于 TF-IDF 的计算实现，sklearn 的 feature_extraction 模块中提供了 TfidfVectorizer()函数，这里引用其文档案例代码如下，可以通过其官方文档学习详细的函数使用。

```
from sklearn.feature_extraction.text import TfidfVectorizer
corpus = [
    'This is the first document.',
    'This document is the second document.',
    'And this is the third one.',
    'Is this the first document?',
 ]
vectorizer = TfidfVectorizer()
X = vectorizer.fit_transform(corpus)
print(vectorizer.get_feature_names())
print(X.shape)
```

分别返回了通过 TF-IDF 抽取的特征词语列表，以及 corpus 的 4 条文本转换后的矩阵大小。输出结果：

```
['and', 'document', 'first', 'is', 'one', 'second', 'the', 'third', 'this']
(4, 9)
```

从结果可知，TF-IDF 基于 corpus 中的 4 条文本，先抽取了 9 个词作为特征向量，按照上述介绍的方法计算了每个词的 TF-IDF 值，再通过 fit_transform()函数将文本转换为特征矩阵，该矩阵为（4，9），对应 4 条文本和 9 个词特征向量。

2）词向量

词向量将词转换为分布式表示，将词表示为定长、连续的稠密向量。

分布式表示有很多优点，如词之间存在相似关系、线性关系，以及词之间存在“距离”概念时，分布式表示对很多自然语言处理的任务非常有帮助。

常见的词向量方法主要有 Word2vec，GloVe，FastText 等。这些方法是自然语言处理领域近年来较为流行的方法，基本思路是采用一系列代表文档的词语来训练词向量模型，该模型将每个词语映射到一个固定大小的向量（通常为数百维度的高维空间），并可以基于此计算语义相似度。

为了能够训练出效果更好的向量空间，词向量模型通常需要基于非常大的数据集进行训练。因此在实战中不会从头训练模型，而是基于任务选择预先训练的模型来使用。项目 7 将会介绍使用词向量模型进行机器学习建模。

2．日期与时间数据的特征抽取

除了静态的属性信息，原始数据通常记录实例某一时刻的状态信息，其中，日期和时间数据本身就可以抽取较为重要的信息作为特征。

常见的日期处理方法是抽取“每周第 *N* 天”的特征，如日期“2018-12-17”可以标识为“周一”，另外，还可以增加“是否为周末”的特征，用 1 和 0 来标识。与日期处理方法相似，常见的时间处理方法是从时间信息中抽取“早、中、晚”等特征。

在一些实战场景中，往往还会增加日历性质的特征，如水电缴费往往与每月月末的时间相关联、某商品每年的销量峰值与“双 11”活动相关联等。总之，在抽取日期和时间特征时，额外考虑节假日、极端天气情况，重要事件等信息，在实战中往往会得到“惊喜”的结果。

3．时间序列数据的特征抽取

由于机器学习中样本特征需要描述实例在某一时刻的状态，面对实例中某个变量在一段时间内的记录数据时，需要进行汇总性的特征抽取。例如，在信用评估场景中，需要从申请人过往 6 个月的交易流水中抽取反映其还款能力的特征；在精准营销场景中，需要从潜在客户的过往消费记录中抽取反映其消费能力和消费习惯的特征。常用的方法是按照不同的数据类型进行时间序列的汇总。

1）数值型时间序列数据的特征抽取

对于数值型时间序列数据，构建特征的核心思想是按照不同的时间窗口汇总，汇总方法主要包括求和、求平均、最大值、最小值等统计函数。例如，基于某客户过去 3 个月的消费金额数据进行特征抽取，客户消费金额原始数据如表 3.3 所示。

表 3.3　客户消费金额原始数据

日　期	客户 ID	消费金额
2018-01-02	001	100
2018-01-03	001	50
2018-02-10	001	200
2018-03-31	001	400
2018-01-15	002	300
2018-03-10	002	200
…	…	…

可以按照时间窗口 3 个月汇总得到特征，如近 3 个月的消费平均值、近 3 个月的消费总额、近 3 个月的消费最大额度等，也可以按照最近 1 个月的时间窗口汇总特征，如最近 1 个月的消费总额等。

2）分类型时间序列数据的特征抽取

对于分类型时间序列数据，同样可以按照不同的时间窗口汇总，汇总方法可以分为两个步骤：

（1）先将分类型数据按照独热编码的方式转换为数值型特征；

（2）再将转换后的特征按照数值型时间序列数据的汇总方式进行处理。

例如，基于客户过去 3 个月的购买商品记录进行特征抽取，客户过去 3 个月的购买商品记录如表 3.4 所示。

表 3.4 客户过去 3 个月的购买商品记录

日　期	客户 ID	购买商品类型
2018-01-02	001	商品 A
2018-01-03	001	商品 A
2018-02-10	001	商品 B
2018-03-31	001	商品 C
2018-01-15	002	商品 C
2018-03-10	002	商品 B
…	…	…

可以将购买商品类型变量按照独热编码的方式转换，得到独热编码商品购买记录如表 3.5 所示。

表 3.5 独热编码商品购买记录

日　期	客户 ID	购买商品 A	购买商品 B	购买商品 C
2018-01-02	001	1	0	0
2018-01-03	001	1	0	0
2018-02-10	001	0	1	0
2018-03-31	001	0	0	1
2018-01-15	002	0	0	1
2018-03-10	002	0	1	0
…	…	…	…	…

以固定的时间窗口，如近 3 个月，按照数值型时间序列数据的汇总方式得到客户近 3 个月购买商品 A 的次数、购买商品 B 的次数等特征。

对分类型时间序列数据的特征抽取，还有一种方式是直接使用统计方法，如最常出现的类型、类别总数等，按上述例子可以得到，客户近 3 个月最常购买的商品、近 3 个月购买的商品种类等特征。

深度学习技术出现之前，图像、音频等数据的特征抽取曾是非常复杂的领域。计算机视觉专家需要人为定义一些区域边界，从像素中抽取特征。随着卷积神经网络等深度神经网络的应用，图像、音频及文本这类数据的特征抽取技术越来越成熟，可以通过自然语言处理、计算机视觉及深度学习等专业课程了解更为详细的知识。

3.1.4 特征转换

常见的特征转换方法包括标准化、归一化、对数变换、特征离散化、独热编码、缺失值填充等。

1. 标准化

标准化是指将每列数据减去其均值，并除以其方差，计算公式：

$$z = \frac{x - \text{mean}}{\text{std}}$$

标准化处理可以自行编程实现，也可以使用 sklearn 中 preprocessing 模块的 StandardScaler()函数来实现，代码如下：

```
from sklearn import preprocessing import numpy as np
X = np.array([[ 1., -1.,  2.],
    [ 2.,  0.,  0.],
    [ 0.,  1., -1.]])
scaler = preprocessing.StandardScaler().fit(X)
scaler.transform(X)
```

返回对矩阵 $\boldsymbol{X}$ 每列数据的标准化结果：

```
array([[ 0.        , -1.22474487,  1.33630621],
   [ 1.22474487,  0.        , -0.26726124],
   [-1.22474487,  1.22474487, -1.06904497]])
```

使用 StandardScaler 方法的好处在于它能够保存训练集中的参数（均值、方差），并使用其转换测试集数据，代码如下：

```
scaler.transform([[-1.,  1., 0.]])
```

输出结果：

```
array([[-2.44948974,  1.22474487, -0.26726124]])
```

2. 归一化

归一化的方法将每列数据缩放到一个指定的最大和最小值（通常是 1 和 0）之间，计算公式：

$$\boldsymbol{X}_{\text{scaled}} = \frac{\boldsymbol{X} - \boldsymbol{X}_{\min}}{\boldsymbol{X}_{\max} - \boldsymbol{X}_{\min}}$$

可以通过 sklearn 中 preprocessing 模块的 MinMaxScaler()函数实现，代码如下：

```
from sklearn import preprocessing import numpy as np
X = np.array([[ 1., -1.,  2.],
              [ 2.,  0.,  0.],
              [ 0.,  1., -1.]])
min_max_scaler = preprocessing.MinMaxScaler().fit(X)
min_max_scaler.transform(X)
```

返回结果：

```
array([[0.5 , 0. , 1.],
   [1., 0.5 , 0.33333333],
   [0.  , 1. , 0.  ]])
```

与 StandardScaler 方法相同，min_max_scaler 保存了训练集的参数信息，可以使用其转换测试集数据。代码如下：

```
X_test = np.array([[ -3., -1.,  4.]])
min_max_scaler.transform(X_test)
```

返回结果：

```
array([[-1.5,  0. ,  1.66666667]])
```

3. 对数变换

当特征数据偏度较大时，对数变换（log 变换）可以拉伸那些在较低的幅度范围内自变量值的范围，倾向于压缩或减少较高幅度范围内的自变量值的范围，从而使分布尽可能地接近正态分布。

在探索性数据分析的案例中，可以发现 Fare 变量呈现出明显的右偏态（右侧出现长尾），Fare 变量直方图如图 3.6 所示。

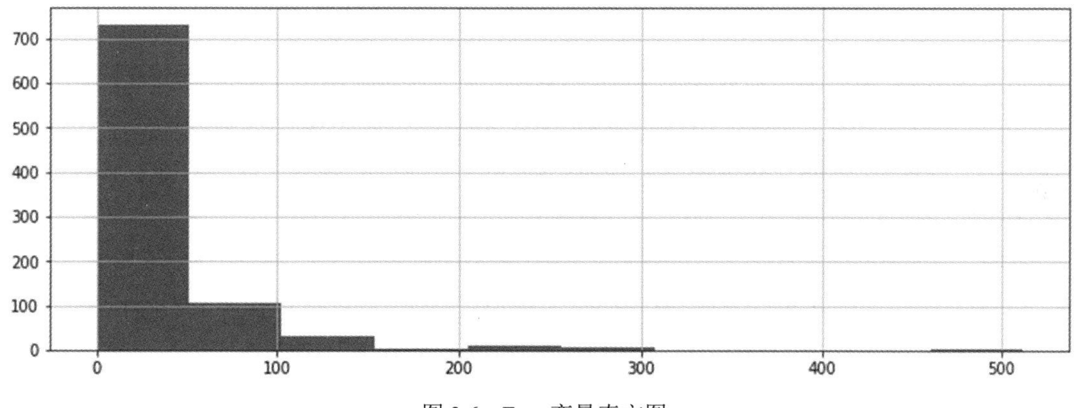

图 3.6 Fare 变量直方图

可以通过对数变换的方式对变量进行转换，将其分布进行转换。计算公式：

$$y = \log_c (1 + \lambda \times x)$$

式中，λ 常设置为 1；c 通常设置为变换数据的最大值。可以使用 numpy 模块中的 log()函数实现，以对 Fare 变量进行转换为例，代码如下：

```
import pandas as pd
import numpy as np
%matplotlib inline
df = pd.read_csv("../data/train.csv")
df['Fare_log'] = np.log(1 + df['Fare'])
df['Fare_log'].hist()
```

对 Fare 变量进行对数变换后，通过其直方图可以看出变量分布更接近正态分布，Fare 变量对数变换直方图如图 3.7 所示。

4. 特征离散化

特征离散化将连续数值型特征分为连续区间，把每一区间内的原始连续特征无差别地看成同一个新特征。这种离散化的特征使规则或模型更加简洁，更易于理解，也能在一定程度上提高模型的准确度，提高运行速度。

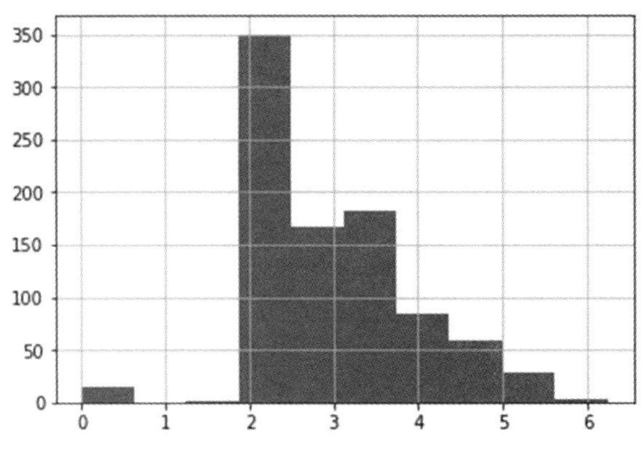

图 3.7　Fare 变量对数变换直方图

在探索性数据分析的案例中，年龄变量 Age 可以使用特征离散化方法构建新的特征，转换方法如下：

（1）首先对 Age 中的缺失值进行填充，用-0.5 填充缺失值，使用前面练习中用到的 fillna() 函数；

（2）将 Age 按照年龄段分为以下 7 个区间，使用 pandas.cut()函数实现。

① Missing，(-1, 0]；

② Infant，(0, 5]；

③ Child，(5, 12]；

④ Teenager，(12, 18]；

⑤ Young Adult，(18, 35]；

⑥ Adult，(35, 60]；

⑦ Senior，(60, 100]；

代码如下：

```
def convert_age(df, cut_points, labels):
    """
    inputs:
        df: pandas dataframe;
        cut_points: 年龄的切割点;
        labels: 对应切割后的区间名称;
    return:
        df: 输入 df 处理后的 dataframe
    """
    df["Age"] = df["Age"].fillna(-0.5)
    df["Age_categories"] = pd.cut(df["Age"],cut_points,labels=label_names)
    return df

cut_points = [-1,0,5,12,18,35,60,100]
label_names = ["Missing","Infant","Child","Teenager","Young Adult","Adult",
"Senior"]
```

```
df = convert_age(df,cut_points,label_names)
```

通过 convert_age()函数得到新的训练集，可以通过直方图来展示新的变量 Age_categories 来分析其与目标变量 Survived 之间的关系，代码如下：

```
age_categ_pivot = df.pivot_table(index="Age_categories", values="Survived")
df_categ_pivot.plot.bar()
```

输出结果：Age_categories 与目标变量 Survived 的关系分析如图 3.8 所示。

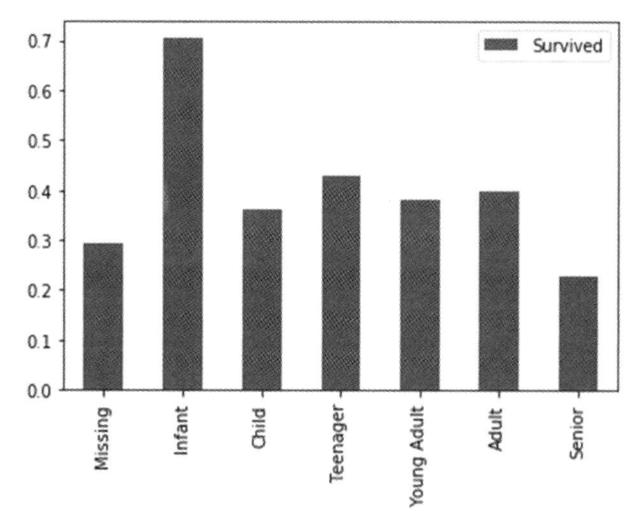

图 3.8　Age_categories 与目标变量 Survived 的关系分析

通过离散化的方法，可以直观地看出 Infant 类别的乘客幸存概率比其他类型高。

5．独热编码

许多机器学习算法是无法理解分类型变量的，尤其是用文本表示类别的分类型变量。因此需要将这些变量进行转换，常用的转换方法为独热编码。

独热编码的操作可以使用 pandas 模块中的 get_dummies()函数实现。为了确保对训练集、测试集进行同样的操作，可以创建自定义函数 creat_onehot()来实现独热编码：

（1）使用 get_dummies()函数得到指定变量的独热编码数据集，使用 dummies 变量存储；

（2）将 dummies 数据集与原输入数据集进行合并，使用 pandas 模块中的 concat()函数实现；

（3）返回新的 df 数据集。

用创建的 creat_onehot()函数对特征离散化后得到的分类型特征 Age_categories 进行独热编码，代码如下：

```
def create_onehot(df, column_name):
    """
    inputs:
        df: pandas dataframe;
        column_names: 需要处理的变量名称;
    returns:
```

```
        df: 输入 df 处理后的 dataframe
    """
    dummies = pd.get_dummies(df[column_name],prefix=column_name)
    df = pd.concat([df,dummies],axis=1)
    return df

df = create_onehot(df,'Age_categories')
df.head()
```

预览数据可以看到，经过上述独热编码处理，新增了 7 个特征变量，均以 Age_categories 为前缀，如 Age_categories_Child 的含义为是否为儿童，1 代表是，0 代表不是。

通过独热编码处理可见，当类别的数量很多时，特征空间会变得非常大，这时需要使用降维的方法进一步处理。

另外，通常在使用决策树类算法时，由于其算法特点，对分类型特征可以不进行独热编码，但在 Scikit-learn 框架中，对文本标识的分类型特征需要进行类别编码，转换为数字标识。

6．缺失值填充

特征中存在缺失值会导致很多算法无法正常执行，在对缺失数据进行处理前，需要了解数据缺失的机制和形式，才能更合理地进行缺失值填充。

1）缺失值较多的特征

当一个特征变量中缺失值占比较大时，如 60%以上都是缺失值，如果进行缺失值填充很可能会引来噪声，且特征对模型贡献不大，那么这种特征可以尝试直接删除。

2）数值型变量的缺失值填充

对于数值型变量中有少部分缺失值的情况，可以简单使用统计值进行填充，如均值、中位数等。可以使用 pandas 模块中的 fillna()函数，代码如下：

```
import pandas as pd
import numpy as np
df = pd.dataframe({'id':[1, 2, np.nan, 4, np.nan, 6, 1, 2, 3], 'item1':[1,
2, 3, 4, np.nan, 6, 1, 2, 3], 'item2':[1, 2, 3, 4, 5, 6, 1, np.nan, 3]})
print(df)
```

构建一个含有缺失值的数据集，输出结果：

```
id  item1  item2
0  1.0    1.0    1.0
1  2.0    2.0    2.0
2  NaN    3.0    3.0
3  4.0    4.0    4.0
4  NaN    NaN    5.0
5  6.0    6.0    6.0
6  1.0    1.0    1.0
7  2.0    2.0    NaN
8  3.0    3.0    3.0
```

对于 item1 变量，使用其非缺失值的数据均值进行填充，代码如下：

```
df.fillna(df['item1'].mean())
```

填充后发现 item1 中的缺失值被填充为 2.75，完成按均值填充。

3）分类型变量的缺失值填充

对于分类型变量中有少部分缺失值的情况，也可以使用统计值进行填充，常推荐使用众数进行填充，填充方式同样可以使用 pandas 模块中的 fillna()函数，代码如下：

```
df['item2'].fillna(df['item2'].mode()[0])
```

填充后发现 item2 中的缺失值被填充为'A'，完成按众数填充。

3.1.5 特征选择

一个正确的数学模型应当在形式上是简单的。

——引自《数学之美》

构建机器学习模型的目的是从原始的特征数据集中学习问题的结构与问题的本质，此时抽取的特征就应该能够对问题进行更好的解释，所以需要进行特征选择。特征选择的目标：

（1）提高预测的准确性；

（2）构建更快、消耗更低的预测模型；

（3）能够对模型有更好的理解和解释。

特征选择的方法主要有三种：Filter、Wrapper 和 Embedded。

Filter 方法的思路：对每一维的特征变量"评分"，即首先给每一维的特征赋予权重，然后依据权重排序设定阈值进行筛选。评分的方法包括卡方检验（Chi-square Test）、信息增益（Information Gain）、相关系数（Correlation Coefficient）等。Filter 方法在实战中较为常用，通常可以结合探索性数据分析中的相关性矩阵计算，筛选与目标变量相关性较强、与其他特征相关性较弱的特征。

Wrapper 方法的思路：将特征选择视为搜索调优问题，先生成不同的特征子集，对子集进行评价，再与其他子集进行比较。将子集的选择看成优化问题，借助很多的优化算法都可以解决，尤其是一些启发式的优化算法，如遗传算法（GA）、粒子群（PSO）算法、人工蜂群（ABC）算法等。

Embedded 方法的思路：在给定模型的情况下学习最有利于提高模型准确性的属性。在确定模型的过程中，挑选出那些对模型的训练有重要意义的属性。主要方法是正则化，如岭回归（Ridge Regression）就是在基本线性回归的过程中加入了正则项。随机森林（Random Forest）算法也常用来进行特征选择，也是 Embedded 特征选择方法中的一种。

3.1.6 小结

本节主要针对机器学习实战流程中的数据准备环节，深入介绍了探索性数据分析及特征工程部分的知识和技能，该部分工作对于模型效果的优化有非常重要的影响。在本节对应的练习中，仍将以泰坦尼克号事件生存预测的数据集为案例，通过探索性数据分析和特征工程，提升模型的预测表现。

任务 2　实战：基于决策树的泰坦尼克号事件生存预测

3.2.1　问题定义

本次练习来源于 Kaggle 举办的一次数据竞赛，希望用机器学习来解决预测“生”与“死”的二元分类问题。为了与项目 2 任务 3 的模型效果对比，本次练习仍使用决策树算法完成整个练习。

构建决策树

3.2.2　数据准备

该竞赛提供了基础的训练集和测试集数据：

（1）train.csv 训练文件，包含了客户真实幸存情况及相关特征，用于模型训练；

（2）test.csv 测试文件，仅包含客户特征，不包含客户真实的幸存情况，用于模型产生预测结果，可提交至 Kaggle 平台评估预测效果。

与项目 2 任务 3 相同，为了便于进行模型评估，仅使用训练集 train.csv 完成整个练习。

1．数据读取及查看

使用 pandas 模块中的 read_csv()函数载入 train.csv 文件数据，并预览数据。

train.csv 文件位于./data/titanic/目录下。

参考代码如下：

```
import pandas as pd
train = pd.read_csv("./data/titanic/train.csv")
train.head(5)
```

输出结果：数据读取及查看如表 3.6 所示。

表 3.6　数据读取及查看

	PassengerId	Survived	Pclass	Name	Sex	Age	SibSp	Parch	Ticket	Fare	Cabin	Embarked
0	1	0	3	Braund,Mr.Owen Harris	male	22	1	0	A/5 21171	7.25	NaN	S
1	2	1	1	Cumings,Mrs.John Bradley(Florence Biggs TH...	female	38	1	0	PC 17599	71.2833	C85	C
2	3	1	3	Heikkinen,Miss. Laina	female	26	0	0	STON/ O2.3101282	7.925	NaN	S
3	4	1	1	Futrelle,Mrs. Jacques Heath(Lily May Peel)	female	35	1	0	113803	53.1	C123	S
4	5	0	3	Allen,Mr.William Henry	male	35	0	0	373450	8.05	NaN	S

2. 目标变量分析

使用 Dataframe.info 方法来统计每个变量中非空值的数量，以及当前的变量类型，并选择已满足建模条件的特征变量。

说 明

pandas 将数据载入为 Dataframe 的格式存储，自动对变量的数据类型进行定义，但定义类型的合理与否仍需要根据变量实际的含义进行核对、修正。该任务要求同学们理解变量含义（见表 3.7），并对 info()函数返回的变量类型进行检查。

表 3.7 变量含义

特　征	描　述	取　值
Survived	生存	0 = No, 1 = Yes
Pclass	票类别-社会地位	1 = 1st, 2 = 2nd, 3 = 3rd
Name	姓名	
Sex	性别	
Age	年龄	
SibSp	兄弟姐妹/配偶	
Parch	父母/孩子的数量	
Ticket	票号	
Fare	乘客票价	
Cabin	客舱号码	
Embarked	登船港口	C=Cherbourg, Q=Queenstown, S=Southampton

代码如下：

```
# 使用 info()函数统计 train 中非空值的数量及变量类型
train.info()
```

输出结果：

```
<class 'pandas.core.frame.dataframe'>
RangeIndex: 891 entries, 0 to 890
Data columns (total 12 columns):
PassengerId    891 non-null int64
Survived       891 non-null int64
Pclass         891 non-null int64
Name           891 non-null object
Sex            891 non-null object
Age            714 non-null float64
SibSp          891 non-null int64
Parch          891 non-null int64
Ticket         891 non-null object
Fare           891 non-null float64
Cabin          204 non-null object
Embarked       889 non-null object
```

```
dtypes: float64(2), int64(5), object(5)
memory usage: 83.6+ KB
```

3. 数据集特征的相关性矩阵计算

（1）计算前剔除 PassengerId 变量，使用 pandas 模块中的 drop()函数来实现；

（2）使用 Pearson 相关系数方法计算所有非 object 类型的变量的相关性矩阵，使用 pandas 模块中的 corr()函数来进行相关性矩阵计算。

代码如下：

```
train_corr = train.drop('PassengerId',axis=1).corr()
train_corr
```

输出结果：PassengerId 相关性矩阵如表 3.8 所示。

表 3.8　PassengerId 相关性矩阵

	Survived	Pclass	Age	SibSp	Parch	Fare
Survived	1.000000	−0.338481	−0.077221	−0.035322	0.081629	0.257307
Pclass	−0.338481	1.000000	−0.369226	0.083081	0.018443	−0.549500
Age	−0.077221	−0.369226	1.000000	−0.308247	−0.189119	0.096067
SibSp	−0.035322	−0.083081	−0.308247	1.000000	0.414838	0.159651
Parch	0.081629	0.018443	−0.189119	0.414838	1.000000	0.216225
Fare	0.257307	−0.549500	0.096067	0.159651	0.216225	1.000000

4. 相关性矩阵可视化

将使用热力图得到的相关性矩阵可视化。可视化的实现可以使用 matplotlib. pyplot 模块，以及 seaborn 模块中的 heatmap()函数。

参考代码如下：

```
import seaborn as sns
import matplotlib.pyplot as plt
%matplotlib inline
# 绘制相关性矩阵热力图
fig = plt.subplots(figsize=(15,9)) #设置画布大小
fig = sns.heatmap(train_corr, vmin=-1, vmax=1, annot=True, square=True, cmap='binary_r')
```

相关性矩阵热力图如图 3.9 所示，通过颜色的深浅可以直观看出相关性较强的因子。

5. 舱位等级 Pclass 与 Survived 之间的关系分析

（1）统计不同舱位等级下的幸存者占比：因为 Survived 字段中用 1 和 0 来表示幸存和死亡，所以可以用 pandas 模块中的 pivot_table()函数来统计 Pclass 中不同的类型对应的 Survived 字段的平均值来表示幸存者的占比；

（2）统计结果可视化：使用 pandas 模块中的 plot.bar()函数来实现柱状图绘制。

代码如下：

```
class_pivot = train.pivot_table(index="Pclass",values="Survived")
print(class_pivot)
```

```
class_pivot.plot.bar()
```

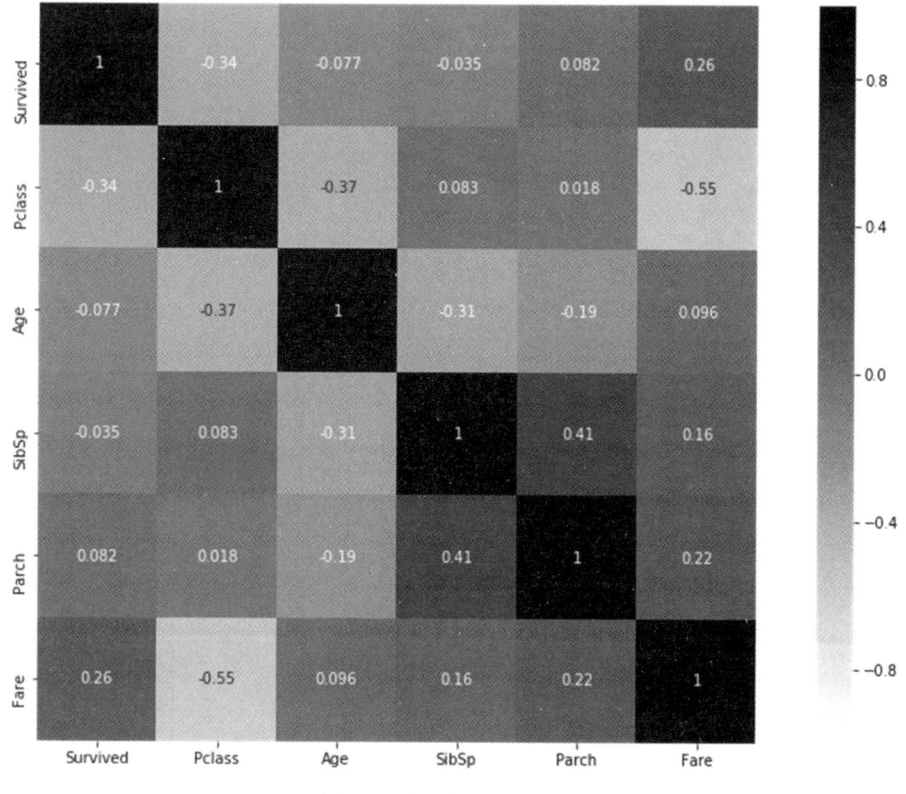

图 3.9　相关性矩阵热力图

输出结果：

```
Pclass   Survived
1        0.629630
2        0.472826
3        0.242363
<matplotlib.axes._subplots.AxesSubplot at 0x12092fd30>
```

舱位等级 Pclass 与 Survived 之间的关系如图 3.10 所示。

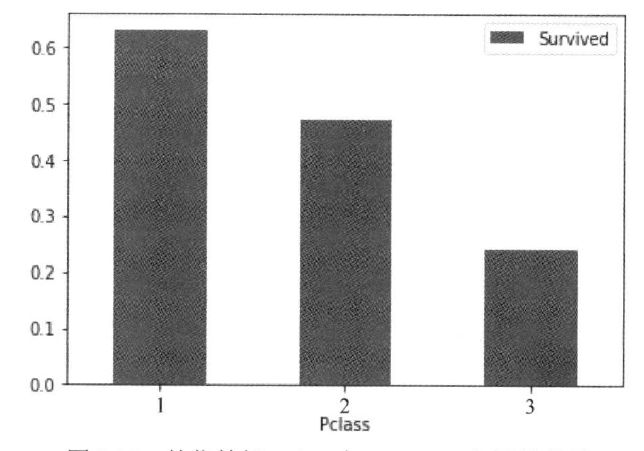

图 3.10　舱位等级 Pclass 与 Survived 之间的关系

6．性别 Sex 与 Survived 之间的关系分析

（1）统计不同性别下幸存者占比；

（2）将统计结果可视化。

实现方法同步骤 5，代码如下：

```
sex_pivot = train.pivot_table(index="Sex", values="Survived")
print(sex_pivot)
sex_pivot.plot.bar()
```

输出结果：

```
Sex     Survived
female  0.742038
male    0.188908
<matplotlib.axes._subplots.AxesSubplot at 0x120991898>
```

输出结果：性别 Sex 与 Survived 之间的关系如图 3.11 所示。

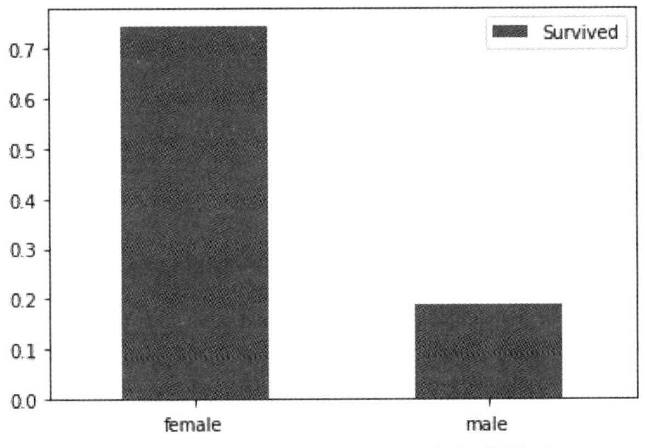

图 3.11　性别 Sex 与 Survived 之间的关系

7．登船港口 Embarked 与 Survived 之间的关系分析

（1）统计不同登船港口的幸存者占比；

（2）将统计结果可视化。

实现方法同步骤 5，代码如下：

```
embarked_pivot = train.pivot_table(index="Embarked", values="Survived")
print(embarked_pivot)
embarked_pivot.plot.bar()
```

输出结果：

```
Embarked   Survived
C         0.553571
Q         0.389610
S         0.336957
```

登船港口 Embarked 与 Survived 之间的关系如图 3.12 所示。

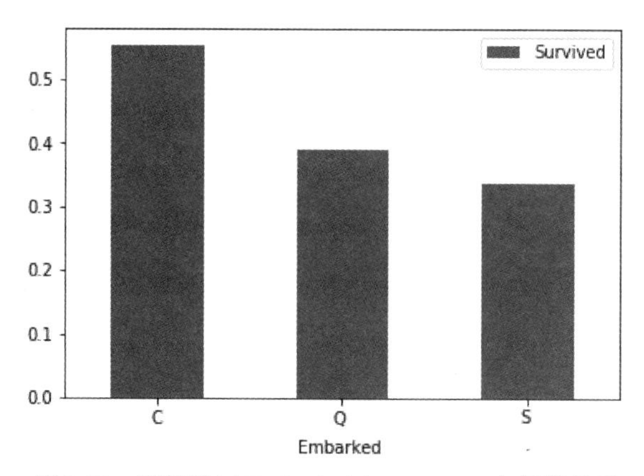

图 3.12　登船港口 Embarked 与 Survived 之间的关系

8. 年龄 Age 与 Survived 之间的关系分析

Age 为数值型变量，与之前分析的分类型变量 Pclass、Sex、Embarked 不同。为了分析其与目标变量的关系，我们可以：

（1）使用 pandas 中的 describe()函数计算变量 Age 的统计分布；

（2）绘制直方图反映不同年龄区间的幸存和死亡的占比，可以分别选择幸存和死亡两类数据集，在同一图上绘制两类数据中变量 Age 的统计分布直方图。

代码如下：

```
# 计算变量 Age 的统计分布
train["Age"].describe()
```

输出结果：

```
count    714.000000
mean      29.699118
std       14.526497
min        0.420000
25%       20.125000
50%       28.000000
75%       38.000000
max       80.000000
Name: Age, dtype: float64
```

从数据中分别选择幸存和死亡两类数据集，分别绘制两类数据中 Age 变量的统计分布直方图，代码如下：

```
survived = train[train["Survived"] == 1]
died = train[train["Survived"] == 0]
survived["Age"].plot.hist(alpha=1,color='white',edgecolor='black',hatch="//
",width=0.8)
died["Age"].plot.hist(alpha=0.8,color='blue',bins=50,width=0.8)
plt.legend(['Survived','Died'])
plt.show()
```

输出结果：年龄 Age 与 Survived 之间的关系如图 3.13 所示。

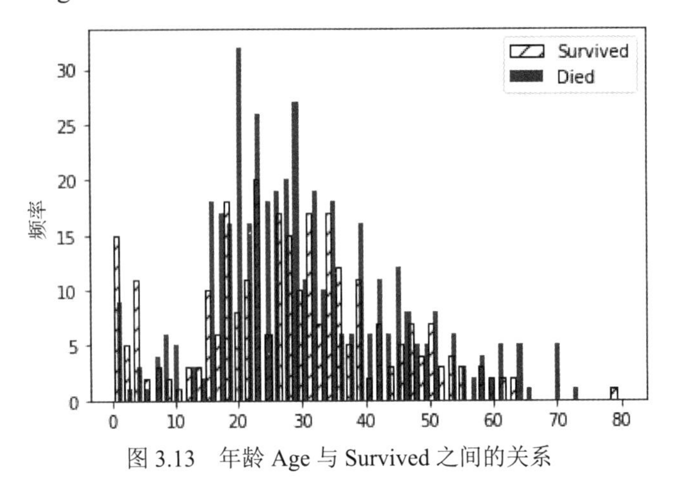

图 3.13 年龄 Age 与 Survived 之间的关系

9. 年龄 Age 的离散化转换

在上述对 Age 的分析中，可以发现在一定的年龄范围中幸存者的占比较高，因此可以采用离散化的方法对年龄 Age 进行转换，并分析转换后的效果，具体步骤如下。

（1）对 Age 中的缺失值进行填充，用-0.5 填充缺失值，使用前面练习中用到的 fillna()函数实现；

（2）将 Age 按照年龄段分为以下 7 个区间，使用 pandas.cut()函数实现。

① Missing，(-1, 0]；

② Infant，(0, 5]；

③ Child，(5, 12]；

④ Teenager，(12, 18]；

⑤ Young Adult，(18, 35]；

⑥ Adult，(35, 60]；

⑦ Senior，(60, 100]。

（3）考虑到未来需要对测试集中的 Age 进行同样的处理，构建一个自定义函数 convert_age()来实现上述步骤，参考代码如下：

```
def convert_age(df, cut_points, labels):
    """
    inputs:
        df: pandas dataframe;
        cut_points: 年龄的切割点;
        labels: 对应切割后的区间名称;
    return:
        df: 输入 df 进行处理后的 dataframe
    """
    df["Age"] = df["Age"].fillna(-0.5)
    df["Age_categories"] = pd.cut(df["Age"],cut_points,labels=label_names)
    return df
```

```
    cut_points = [-1,0,5,12,18,35,60,100]
    label_names = ["Missing","Infant","Child","Teenager","Young
Adult","Adult","Senior"]
    train = convert_age(train,cut_points,label_names)
    train.info()
```

输出结果：

```
<class 'pandas.core.frame.dataframe'>
RangeIndex: 891 entries, 0 to 890
Data columns (total 13 columns):
PassengerId       891 non-null int64
Survived          891 non-null int64
Pclass            891 non-null int64
Name              891 non-null object
Sex               891 non-null object
Age               891 non-null float64
SibSp             891 non-null int64
Parch             891 non-null int64
Ticket            891 non-null object
Fare              891 non-null float64
Cabin             204 non-null object
Embarked          889 non-null object
Age_categories    891 non-null category
dtypes: category(1), float64(2), int64(5), object(5)
memory usage: 84.8+ KB
```

通过 convert_age()函数，得到新的训练数据集。通过 info()函数统计可见，原 Age 变量被填充成功，且得到一个新的变量 Age_categories，为分类型变量。

10. 所有分类型变量的独热编码

虽然在使用决策树类算法时独热编码不是必须的，但为了达到练习独热编码的目的，并且与之前任务的模型效果对比，仍建议完成该任务。

对 Pclass、Sex，以及上一环节生成的 Age_categories 三个变量进行独热编码。同样，为了确保对训练集、测试集进行同样的操作，需要创建自定义函数 creat_onehot()来实现整个处理过程：

（1）使用 get_dummies()函数得到指定变量的独热编码数据集，用 dummies 变量存储；

（2）将 dummies 数据集与原输入数据集合并，使用 pandas 模块中的 concat()函数实现；

（3）返回新的 df 数据集。

经过独热编码处理后，数据集中新增了 12 个特征变量，如 Pclass_1，含义为是否为一等舱，1 代表是，0 代表不是；Age_categories_Child 含义为是否为儿童，1 代表是，0 代表不是。

代码如下：

```
def create_onehot(df, column_name):
    """
```

```
    inputs:
        df: pandas dataframe;
        column_names: 需要处理的变量名称;
    returns:
        df: 输入 df 处理后的 dataframe
    """
    dummies = pd.get_dummies(df[column_name],prefix=column_name)
    df = pd.concat([df,dummies],axis=1)
    return df

for column in ["Pclass","Sex","Age_categories"]:
    train = create_onehot(train,column)
train.info()
```

输出结果：

```
<class 'pandas.core.frame.dataframe'>
RangeIndex: 891 entries, 0 to 890
Data columns (total 25 columns):
PassengerId                  891 non-null int64
Survived                     891 non-null int64
Pclass                       891 non-null int64
Name                         891 non-null object
Sex                          891 non-null object
Age                          891 non-null float64
SibSp                        891 non-null int64
Parch                        891 non-null int64
Ticket                       891 non-null object
Fare                         891 non-null float64
Cabin                        204 non-null object
Embarked                     889 non-null object
Age_categories               891 non-null category
Pclass_1                     891 non-null uint8
Pclass_2                     891 non-null uint8
Pclass_3                     891 non-null uint8
Sex_female                   891 non-null uint8
Sex_male                     891 non-null uint8
Age_categories_Missing       891 non-null uint8
Age_categories_Infant        891 non-null uint8
Age_categories_Child         891 non-null uint8
Age_categories_Teenager      891 non-null uint8
Age_categories_Young Adult   891 non-null uint8
Age_categories_Adult         891 non-null uint8
Age_categories_Senior        891 non-null uint8
dtypes: category(1), float64(2), int64(5), object(5), uint8(12)
memory usage: 95.3+ KB
```

3.2.3 模型训练

1. 特征选择

目标变量 *Y* 仍使用 Survived，除了项目 2 任务 3 中使用的特征变量 SibSp、Parch、Fare 3 个特征，加入上述任务中新增的 12 个特征变量 Pclass_1、Pclass_2、Pclass_3、Sex_male、Sex_female、Age_categories_Missing、Age_categories_Infant、Age_categories_Child、Age_categories_Teenager、Age_categories_Young Adult、Age_categories_Adult、Age_categories_Senior。

代码如下：

```
trainY = train['Survived']
trainX = train[['SibSp', 'Parch', 'Fare', 'Pclass_1', 'Pclass_2', 'Pclass_3', 'Sex_male', 'Sex_female', 'Age_categories_Missing', 'Age_categories_Infant', 'Age_categories_Child', 'Age_categories_Teenager', 'Age_categories_Young Adult', 'Age_categories_Adult', 'Age_categories_Senior']]
```

2. 训练集和验证集划分

为了与之前模型效果比较，使用 train_test_split()函数按照同样的比例（test_size= 0.20）及相同的随机状态(random_state=1)进行划分。

代码如下：

```
from sklearn.model_selection import train_test_split
train_X, val_X, train_y, val_y = train_test_split(trainX, trainY, test_size=0.20,random_state=1)
```

3. 决策树算法建模

基于训练集 train_X、train_y，使用决策树算法进行模型训练，为了与之前模型效果对比，算法参数保持一致，均使用默认参数。

代码如下：

```
# 实例化一个决策树分类器 clf
# 用分类器的 fit()函数基于 train_X、train_y 数据来训练模型
from sklearn import tree
# 实例化一个决策树分类器 clf
clf = tree.DecisionTreeClassifier(random_state=1)
# 用分类器的 fit()函数基于 train_X、train_y 数据来训练模型
clf = clf.fit(train_X, train_y)
```

至此，我们得到了通过特征工程优化后的模型。可以通过模型评估来检验优化效果。

3.2.4 模型评估

（1）使用决策树算法建模得到的分类器 clf 的 predict()函数对 val_X 数据集进行预测，得到预测值 val_pred；

（2）使用 accuracy_score()函数计算准确率，该函数接收两个参数，分别为真实值数据和预测值数据。

代码如下：

```
# 计算预测值
val_pred = clf.predict(val_X)
val_pred
```

输出结果：

```
array([1, 0, 1, 0, 1, 0, 0, 1, 0, 1, 0, 0, 0, 1, 1, 1, 0, 0, 0, 0, 0, 0,
       1, 0, 0, 0, 1, 1, 0, 1, 0, 1, 1, 0, 0, 0, 1, 0, 0, 0, 0, 0, 1, 0,
       1, 0, 0, 0, 1, 0, 1, 1, 0, 0, 0, 0, 0, 0, 0, 0, 0, 0, 0, 0, 0, 1,
       0, 0, 1, 0, 0, 0, 0, 0, 1, 0, 1, 0, 0, 1, 1, 0, 0, 0, 1, 0, 0, 0,
       0, 0, 0, 0, 0, 1, 0, 1, 0, 1, 0, 0, 0, 0, 1, 0, 1, 0, 0, 0, 0, 0,
       1, 0, 0, 0, 0, 0, 0, 0, 0, 0, 1, 1, 0, 0, 1, 1, 1, 0, 0, 0, 0, 0,
       1, 0, 0, 1, 1, 1, 0, 0, 1, 0, 1, 0, 0, 0, 0, 0, 1, 0, 1, 0, 0, 0,
       0, 0, 0, 0, 0, 0, 0, 0, 0, 1, 0, 0, 1, 0, 1, 1, 1, 0, 1, 0, 1, 0,
       0, 0, 1])
```

评估模型，计算准确率的代码如下：

```
from sklearn.metrics import accuracy_score
accuracy = accuracy_score(val_y, val_pred)
accuracy
```

输出结果：

```
0.770949720670391
```

3.2.5 数据保存

为方便后续的练习，将本次练习得到的特征工程处理的数据集保存。

使用 pandas 模块中的 to_csv()函数将数据集变量 train 保存为 train_prepared.csv 文件，并保存至./data/titanic/目录下。

参考代码如下：

```
train.to_csv("./data/titanic/train_prepared.csv", index=0)
```

3.2.6 小结

本次练习在机器学习建模流程的基础上，通过数据准备环节的探索性数据分析和特征工程来提升模型效果。优化之后的模型准确率约为 77.1%，较项目 2 任务 3 的模型提高了近 10%。可见，数据准备环节对于机器学习的实战效果至关重要。

项目 4

常见机器学习算法及框架

项目目标

知识目标

- 能够理解逻辑回归、神经网络、决策树、随机森林的基本概念和原理；
- 能够掌握 Scikit–learn 的概念及主要功能。

能力目标

- 能够安装 Scikit-learn；
- 能够掌握 Scikit-learn 中决策树分类算法的使用；
- 能够掌握 Scikit-learn 中随机森林分类算法的使用；
- 能够掌握 Scikit-learn 中 GBM 分类算法的使用。

素质目标

- 帮助学生形成数据的辩证分析与总结的能力，培养学生积极思考、主动探索的精神；
- 锻炼学生的模型开发能力，养成学生精益求精、追求卓越的工匠精神。

任务 1 知识准备

4.1.1 损失函数、代价函数与目标函数

在机器学习中，设定一个函数模型 $f(X)$，给定一个变量 X，输出函数值 $f(X)$，这个输出值与真实值 Y 可能是相同的，也可能是不同的，为了表示拟合的好坏，可以用函数 $L(Y,f(X))$ 来度量拟合的程度，这个函数称为损失函数（Loss Function），代价函数（Cost Function）是所有样本损失函数的期望。

损失函数越小，就代表模型拟合的越好。那我们的目标是不是让 Loss Function 越小越好呢？不是。还有一个概念是风险函数（Risk Function）。风险函数是损失函数的期望，由于输入、输出的 (X,Y) 遵循一个联合分布，但是这个联合分布是未知的，所以无法计算。但是我们

是有历史数据的，即训练集，$f(X)$关于训练集的平均损失称作经验风险（Empirical Risk），所以目标是最小化经验风险。不仅要让经验风险最小化，还要降低模型复杂度（结构风险最小化）。定义函数$J(f)$，这个函数专门用来度量模型的复杂度，在机器学习中也叫正则化（Regularization），常用的有L1、L2范数，最终的优化函数：

$$\min \frac{1}{N}\sum_{i=1}^{N} L\left(y_i, f\left(x_i\right)\right) | + | \lambda J(f)$$

这个函数表示最优化经验风险和结构风险，称为目标函数。

常见的损失函数如下。

1．0-1损失（Zero-One Loss）函数

$$L\left(Y, f\left(X\right)\right)=\begin{cases}0, & Y=f\left(X\right)\\1, & Y\neq f\left(X\right)\end{cases}$$

0-1损失是指预测值和目标值不相等时函数值为1，否则为0。

特点：

（1）0-1损失函数直接对应分类来判断错误的数量，但是它是非凸函数，不太适用；

（2）感知机就是用的这种损失函数。但是相等的条件太过严格，因此可以放宽条件，即满足$\left|Y-f\left(X\right)\right|<T$时，认为预测值和目标值相等。

$$L\left(Y, f\left(X\right)\right)=\begin{cases}0, & \left|Y-f\left(X\right)\right|<T\\1, & \left|Y-f\left(X\right)\right|\geqslant T\end{cases}$$

2．绝对值损失函数

绝对值损失函数是指计算预测值与目标值的差的绝对值，绝对值损失函数的标准形式：

$$L\left(Y, f\left(X\right)\right)=\left|Y-f\left(X\right)\right|$$

3．对数损失函数

对数损失函数的标准形式：

$$L(Y, P(Y|X)) = -\log P(Y|X)$$

特点：

（1）对数损失函数能非常好地表征概率分布，尤其适用于多元分类，可以计算结果属于各个类别的置信度；

（2）健壮性不强，相较于Hinge损失对噪声更敏感；

（3）逻辑回归的损失函数就是对数损失函数。

4．平方损失函数

平方损失函数标准形式：

$$L(Y | f\left(X\right)) = \sum_{N}(Y-f\left(X\right))^2$$

特点：经常应用于回归问题。

5．指数损失（Exponential Loss）函数

指数损失函数的标准形式：

$$L(Y | f\left(X\right)) = e^{\left[-Yf(X)\right]}$$

特点：对离群点、噪声非常敏感；经常用于AdaBoost算法中。

6. Hinge 损失函数

Hinge 损失函数的标准形式：

$$L\left(Y,f\left(X\right)\right)=\max\left(0,1-Yf\left(X\right)\right)$$

特点：

（1）Hinge 损失函数表示如果分类正确，损失为 0，否则损失就为$1-Yf\left(X\right)$。支持向量机（SVM）模型的损失函数本质上就是 Hinge 损失和 L2 正则化；

（2）一般而言，$f\left(X\right)$是预测值，在-1 到 1 之间，Y是目标值（-1 或 1）。$f\left(X\right)$的取值范围为-1～1，不鼓励$\left|f\left(X\right)\right|>1$，即不鼓励分类器过度自信，让某个正确分类的样本距离分割线超过 1 并不会有任何奖励，因此分类器可以更专注于整体的误差；

（3）健壮性相对较高，对异常点、噪声不敏感，但它没有合适的概率解释。

7. 感知损失（Perception Loss）函数

感知损失函数的标准形式：

$$L\left(Y,f\left(X\right)\right)=\max\left(0,-f\left(X\right)\right)$$

特点：感知损失函数是 Hinge 损失函数的变形，Hinge 损失函数对判定边界附近的点（正确端）的惩罚力度很高。而感知损失函数只要求样本的判定类别正确，不管其判定边界的距离。它比 Hinge 损失函数简单，因为不是最大化类别边界（Max-margin Boundary），所以模型的泛化能力没有 Hinge 损失函数强。

8. 交叉熵损失（Cross-Entropy Loss）函数

交叉熵损失函数的标准形式：

$$C=-\frac{1}{n}\sum_{x}[y\ln|a|+|\left(1-y\right)\ln\left(1-a\right)]$$

式中，x表示样本；y表示实际的标签；a表示预测的输出；n表示样本总数。

特点：

（1）这个函数本质上是一种对数似然函数，可用于二元分类和多元分类。

二元分类问题中的损失函数（输入数据是 softmax 函数或者 sigmoid 函数的输出）：

$$\text{Loss}=-\frac{1}{n}\sum_{x}[y\ln|a|+|\left(1-y\right)\ln\left(1-a\right)]$$

多元分类问题中的损失函数（输入数据是 softmax 函数或者 sigmoid 函数的输出）：

$$\text{Loss}=-\frac{1}{n}\sum_{i}y_i\ln|a_i|$$

（2）使用 sigmoid 作为激活函数时，常用交叉熵损失函数而不用均方误差损失函数，因为它可以完美解决平方损失函数权重更新过慢的问题，具有“误差大的时候，权重更新快；误差小的时候，权重更新慢”的良好性质。

4.1.2 逻辑回归与神经网络

逻辑回归（Logistic Regression）是一种用于解决二元分类（0 或 1）问题的机器学习方法，用于估计某种事物的可能性，如某用户购买某商品的可能性、某病人患有某种疾病的可能性，以及某广告被用户点击的可能性等。这

机器学习算法的性格色彩

里的“可能性”不是数学上的“概率”，逻辑回归的结果并非数学定义中的概率值，不可以直接当作概率值。该结果往往用于与其他特征值的加权求和，而非直接相乘。

sigmoid 函数也称为逻辑函数（Logistic Function），可以表示为

$$f(z)=\frac{1}{1+e^{-z}}$$

sigmoid 函数图像如图 4.1 所示。

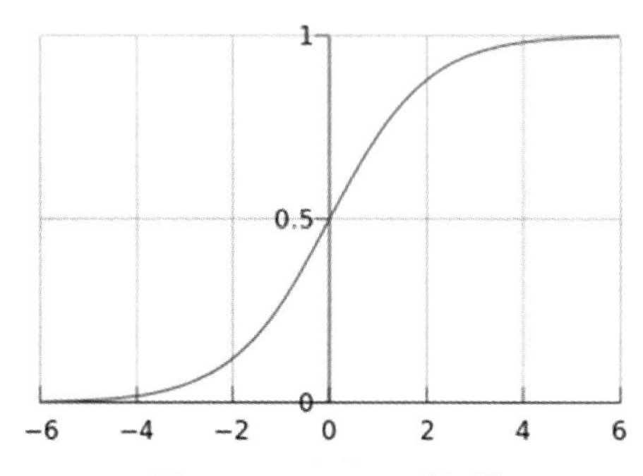

图 4.1　sigmoid 函数图像

可见，sigmoid 函数是 S 形的曲线，它的取值范围为[0, 1]，在远离 0 时函数的值会很快接近 0 或者 1。这个特性对于解决二元分类问题十分重要。

逻辑回归是一种分类算法，可以处理二元分类及多元分类任务。线性回归的模型是计算输出特征向量 $\boldsymbol{Y}$ 和输入样本矩阵 $\boldsymbol{X}$ 之间的线性关系系数 θ，满足 $\boldsymbol{Y}=\boldsymbol{X}\theta$。此时 $\boldsymbol{Y}$ 是连续的，所以是回归模型。如果令 $\boldsymbol{Y}$ 离散，那么需要对 $\boldsymbol{Y}$ 再做一次函数转换，变为 $g(\boldsymbol{Y})$。令 $g(\boldsymbol{Y})$ 值在某个实数区间时属于类别 A，在另一个实数区间时属于类别 B，以此类推，就得到了一个分类模型。如果结果的类别只有两种，那么就是二元分类模型。这就是逻辑回归的出发点。下面开始引入二元逻辑回归。这个转换函数 $g(z)$ 在逻辑回归中一般取为 sigmoid 函数，它有一个非常好的性质，即当 z 趋于正无穷时，$g(z)$ 趋于 1，而当 z 趋于负无穷时，$g(z)$ 趋于 0。该函数非常适合分类概率模型。它还有一个很好的导数性质：

$$g'(z)=g(z)\big(1-g(z)\big)$$

令 $g(z)$ 中的 z 满足 $z=x\theta$，就得到了二元逻辑回归模型的一般形式：

$$h_{\theta(x)}=\frac{1}{1+e^{-x\theta}}$$

式中，x 为样本输入；$h_{\theta(x)}$ 为模型输出，可以理解为某一分类的概率；θ 为分类模型要求输出的模型参数。对于模型输出 $h_{\theta(x)}$，它与二元样本输出 y（假设为 0 和 1）的对应关系为若 $h_{\theta(x)}>0.5$，即 $\theta(x)>0$，则 y 为 1；若 $h_{\theta(x)}<0.5$，即 $\theta(x)<0$，则 y 为 0。其中，$y=0.5$ 是临界情况，此时 $\theta(x)=0$ 表示从逻辑回归模型本身无法确定分类。

$h_{\theta(x)}$ 的值越小，分类为 0 的概率越高；$h_{\theta(x)}$ 的值越大，分类为 1 的概率越高；若靠近临界点，则分类的准确率会下降。

接下来引入模型的损失函数，目标是极小化损失函数得到对应的模型系数 θ。逻辑回归不是连续的，可以用最大似然法来推导损失函数。

在二元逻辑回归中，假设样本输出是 0 或者 1 两类：

$$P(y=1|x,\theta)=h_{\theta(x)}P(y=1|x,\theta)=h_{\theta(x)}$$
$$P(y=0|x,\theta)=1-h_{\theta(x)}P(y=0|x,\theta)=1-h_{\theta(x)}$$

合并以上两个公式：

$$P(y|x,\theta)=h_{\theta(x)}{}^{y}(1-h_{\theta(x)})^{(1-y)}$$

其中，y 的取值只能是 0 或者 1，于是得到了 y 的概率分布函数，可以用似然函数最大化来求解需要的模型系数 θ 。似然函数的表达式：

$$L(\theta)=\Pi_{i=1}^{m}(h_\theta(x^{(i)}))^{y^{(i)}}(1-h_\theta(x^{(i)}))^{1-y^{(i)}}$$

式中，m 为样本数。

似然函数取反的表达式，即损失函数的表达式：

$$J(\theta)=-\ln L(\theta)=-\sum_{i=1}^{m}y^{(i)}\log(h_\theta(x^{(i)}))+(1-y^{(i)}\log(1-h_\theta(x^{(i)})))$$

二元逻辑回归的损失函数最小化有比较多的方法，最常见的有梯度下降法、坐标轴下降法、拟牛顿法等。

人工神经网络（Artificial Neural Network，ANN）是 20 世纪 80 年代以来人工智能领域兴起的研究热点。它是理解和抽象了人脑结构和外界刺激响应机制后，以网络拓扑知识为理论基础，模拟人脑的神经系统对复杂信息的处理机制的一种数学模型。在工程与学术界也常直接将其简称为神经网络或类神经网络。神经网络是一种运算模型，由大量的节点（或称神经元）相互连接构成。每个节点代表一种特定的输出函数，称为激励函数（Activation Function）。每两个节点间的连接代表对于通过该连接信号的加权值，称为权重，相当于人工神经网络的记忆。网络的输出则因网络的连接方式、权重值和激励函数的不同而不同。而网络自身通常都是对自然界某种算法或者函数的逼近，也可能是对一种逻辑策略的表达。

感知器使用特征向量来表示前馈式人工神经网络，它是一种二元分类器，把矩阵上的输入（实数值向量）映射到输出值。

$$f(x)=\begin{cases}1, & w\cdot x+b>0\\ 0, & 其他\end{cases}$$

式中，$\boldsymbol{w}$ 是实数的表式权重的向量；$\boldsymbol{w}\cdot x$ 是点积；b 是偏置，是不依赖于任何输入值的常数。偏置可以认为是激励函数的偏移量，或者赋予神经元一个基础活跃等级，属于二元分类问题。如果 b 值为负，那么加权后的输入必须产生一个肯定的值并且大于 $-b$ ，这样才能令分类神经元大于阈值 0。从空间上看，偏置改变了决策边界的位置（虽然不是定向的）。由于输入直接经过权重关系转换为输出，所以感知机可以视为最简单形式的前馈式人工神经网络，感知器模拟单个神经元如图 4.2 所示。

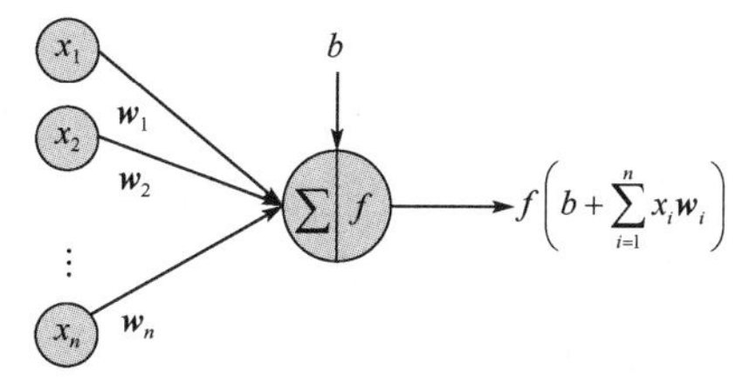

图 4.2　感知器模拟单个神经元

多层前馈神经网络如图 4.3 所示。单计算层感知器只能解决线性可分问题，而大量的分类问题是线性不可分的。克服单计算层感知器这一局限性的有效办法是在输入层与输出层之间引入隐藏层（隐藏层的数量可以大于或等于1）作为输入模式的内部表示，单计算层感知器变成多计算层感知器。由于多层前馈网络的训练经常采用误差反向传播算法，人们也常将多层前馈网络直接称为反向传播（Back Propagation，BP）网络。

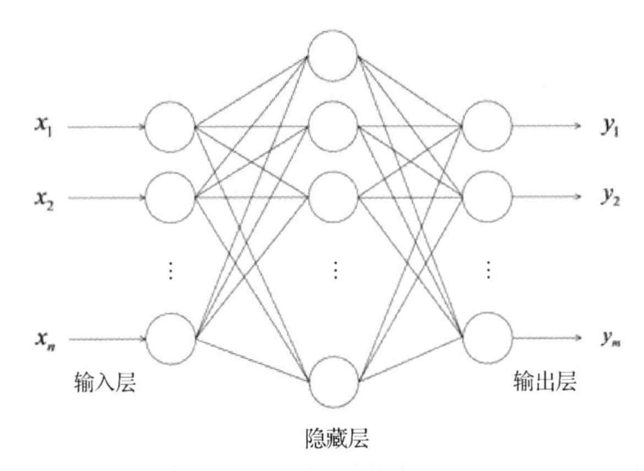

图4.3　多层前馈神经网络

反向传播算法是目前用来训练人工神经网络最常用且最有效的算法。其主要思想：

（1）将训练集数据输入人工神经网络的输入层，经过隐藏层，最后达到输出层并输出结果，这是人工神经网络的前向传播过程；

（2）由于人工神经网络的输出结果与实际结果有误差，计算估计值与实际值之间的误差，并将该误差从输出层向隐藏层反向传播，传播至输入层；

（3）在反向传播的过程中，根据误差调整各种参数的值，不断迭代上述过程，直至收敛。

4.1.3　决策树与随机森林

决策树（Decision Tree）是一种基本的分类与回归方法，本节主要讨论用于分类的决策树。决策树模型呈树形结构，在分类问题中表示基于特征对实例进行分类的过程。它是 if-then 规则的集合，也是定义在特征空间上的条件概率分布，其主要优点是模型具有可读性，且分类速度快。决策树学习通常包括三个步骤：特征选择、决策树的生成和决策树的修剪。而随机森林是由多个决策树构成的一种分类器，更准确地说，随机森林是由多个弱分类器组合形成的强分类器。

决策树分类从根节点开始，对实例的某一特征进行测试，根据测试结果将实例分配到其子节点，每个子节点对应着该特征的一个取值，如此递归地对实例进行测试并分配，直至达到叶节点，最后将实例分配到叶节点的类中。决策树学习的算法通常递归地选择最优特征，并根据该特征对训练数据进行划分。如果利用一个特征进行分类的结果与随机分类的结果没有很大差别，那么该特征是没有分类能力的。通常特征选择的准则是信息增益或信息增益比，特征选择的常用算法为ID3、C4.5、CART。

信息增益表示得知特征 A 的信息而使得数据 X 的信息的不确定性的程度。特征 A 对训练数据集 D 的信息增益 $g(D|A)$ 为集合 D 的经验熵 $H(D)$ 与给定特征 A 的条件下集合 D 的经验条件熵 $H(D|A)$ 之差：

$$g(D \mid A) = H(D) - H(D \mid A)$$

根据信息增益选择特征的方法：对于给定数据集 D，计算每个特征的信息增益，并比较它们的大小，选择信息增益最大的特征。使用信息增益选择特征的算法称为 C3 算法。

在机器学习中，随机森林是一个包含多个决策树的分类器，并且其输出的类别由个别树输出的类别的众数决定。根据下列算法构建每棵树：

（1）用 N 表示训练用例（样本）的数量，M 表示特征数量。

（2）输入特征数量 m，用于确定决策树上一个节点的决策结果，其中，m 应远小于 M。

（3）从 N 个训练用例（样本）中以有放回抽样的方式，取样 N 次，形成一个训练集，并用未抽到的用例（样本）进行预测，评估其误差。

（4）对于每个节点，随机选择 m 个特征，决策树上每个节点都是基于这些特征确定的。根据这 m 个特征，计算最佳的分裂方式。

（5）每棵树都会完整成长而不会剪枝，有可能在建完一棵正常树状分类器后会被采用。

对于多种资料，随机森林可以产生高准确度的分类器。随机森林可以处理大量的输入变量，在决定类别时评估变量的重要性。在构建森林时，它可以在内部对于一般化后的误差产生不偏差的估计。随机森林可以估计遗失的资料，对于大部分的资料遗失，仍可以维持准确度。对于不平衡的分类资料集，随机森林可以平衡误差，计算各例中的亲近度，对于数据挖掘、侦测离群点和将资料可视化非常有用。随机森林可延伸应用在未标记的资料上，这类资料通常使用非监督式聚类。随机森林也可以侦测偏离者和观看资料，而且学习过程是很快速的。

任务 2　基于集成学习思想的算法

集成学习（Ensemble Learning）旨在解决单个模型或者某组参数的模型固有缺陷，从而整合更多的模型，取长补短，避免局限性。随机森林是集成学习思想的产物，将许多棵决策树整合成森林，并用于预测最终结果。

对于一个概念（一个类），如果存在一个多项式的学习算法能够学习它，并且正确率很高，那么就称这个概念为强可学习的；反之，如果其正确率略高于随机猜测的正确率，那么称这个概念是弱可学习的。有趣的是，后来有人证明强可学习和弱可学习两者是等价的。提升（Boosting）算法就是从弱可学习算法出发，通过改变训练集中每个训练样本的权重，从而学习到多个弱分类器（又称基本分类器），并将这些弱分类器进行线性组合，从而得到一个强分类器，强分类器的分类效果要比弱分类器好。又因为寻找一系列弱分类器比寻找一个强分类器简单，所以这种方式是行之有效的。

首先介绍自助（Bootstrap）法，顾名思义，不借助其他样本数据，即从样本自身中产成很多可用的同等规模的新样本，从自身中产生与自己类似的样本。自助法的具体含义：如果希望从大小为 N 的样本中得到 m 个大小为 N 的样本用来训练，那么可以先在 N 个样本里随机抽出一个样本 x_1，记下来，放回去，再抽出一个 x_2，记下来，放回去，这样重复 N 次，就可得到 N 个新样本，新样本里可能有重复的。重复 m 次，就得到了 m 个这样的样本。实际上就是有放回的随机抽样问题。每个样本在每次的抽中概率都为 $\frac{1}{N}$。这个方法在样本比较小的时候很有用。例如，样本很小，但是希望留出一部分用来验证，如果使用传统方法做训练集与验证集的分割，那么样本就更小了，拟合偏差会更大，这是不理想的。而自助法不会降低训练样本的规模，又能留出验证集（因为训练集有重复的，这种重复又是随机的），因此有一定的优势。自助法能留出多少验证集，或m个样本的每个新样本里比原来的样本少了多少？可以这样计算：每抽一次，任何一个样本没被抽中的概率为$\left(1-\frac{1}{N}\right)$，一共抽了$N$次，所以任何一个样本没进入新样本的概率为$\left(1-\frac{1}{N}\right)N$。从统计意义上，意味着大概有$\left(1-\frac{1}{N}\right)N$这些比例的样本作为验证集，当$N\to\infty$时，这个值大概是$\frac{1}{e}$，36.8%。这种方式叫作包外估计。

然后介绍Bagging算法，是指通过对大小为N的原始数据进行有放回的重复采样，采样K次，每次采样N个样本，由于是有放回的，那么对于每次的采样而言，原始数据中的某个样本可以在该次采样形成的样本集合中出现多次，也可能一次都没有出现。对于多次采样而言，某个样本可以在多个样本集合中出现，也可能在所有的样本集合中都没有出现，这种抽样的方式称为自助抽样（Bootstrap Sampling）。在形成K个不同的样本集合之后，首先通过K个样本集合构建K个弱学习器，然后形成一个学习器系统。对于输入的数据，如果是分类问题，那么在每个弱学习器获得结果之后，使用投票法进行投票获取最后的结果。Bagging算法中最典型的例子是随机森林。

与Bagging算法不同，提升（Boosting）算法的核心思想是通过迭代构建K个学习器，每次迭代构建的学习器都重点关注前一个学习器没有解决的问题。为了能够更加关注前一个学习器预测失败的样本，每一轮给不同的样本赋予不同的权重，给上一次预测错误的样本赋予更高的权重。提升算法是一种组合算法，是一种集成学习的思想。提升算法中最为常见的是AdaBoost方法与梯度提升决策树算法。

AdaBoost算法是指将多个弱分类器组合成强分类器。AdaBoost是英文Adaptive Boosting（自适应提升）的缩写，由Yoav Freund和Robert Schapire于1995年提出。自适应在于前一个弱分类器分错的样本权重会得到提高，权重更新后的样本再次用于训练下一个新的弱分类器。在每轮训练中，用样本总体训练新的弱分类器，产生新的样本权重（该弱分类器的话语权），一直迭代至指定的错误率或达到指定的最大迭代次数。

AdaBoost算法的原理：

（1）初始化训练数据（每个样本）的权重分布：若有N个样本，则每个训练的样本最开始时都被赋予相同的权重$\frac{1}{N}$。

（2）训练弱分类器：训练过程中，如果某个样本已经被准确地分类，那么在构建下一个训练集时，它的权重就会降低；相反，如果某个样本没有被准确地分类，那么它的权重就会提高，同时得到弱分类器对应的话语权。更新权重后的样本集用于训练下一个分类器，整个训练过程按此迭代。

（3）将训练得到的弱分类器组合成强分类器：各弱分类器的训练结束后，分类误差率小的弱分类器的话语权较大，其在最终的分类函数中起着较大的决定作用，而分类误差率大的弱分类器的话语权较小，其在最终的分类函数中起着较小的决定作用。换言之，误差率低的弱分类器在最终分类器中的占比较大，反之较小。

梯度提升决策树是通过采用加法模型（即基函数的线性组合），不断减小训练过程产生的残差来达到数据分类或者回归的算法。

输入：训练样本 $D=(x_1,y_1),(x_2,y_2),\cdots,(x_m,y_m)$，最大迭代次数（基学习器数量）$T$，损失函数 L。

输出：强学习器 $H(x)$。

梯度提升决策树算法的原理：

（1）初始化基学习器：

$$h_0(x)=\operatorname{argmin}_c\sum_{i=1}^{m}L(y_i,c)$$

（2）令迭代次数 $t=1,2,\cdots,T$，分别进行以下操作。

① 计算 t 次迭代的负梯度：

$$r_{ti}=-\frac{\partial L(y_i,h_{t-1}(x_i))}{\partial h_{t-1}(x_i)},\quad i=1,2,\cdots,m$$

② 利用 r_{ti} 拟合第 t 棵 CART 回归树，其对应的叶子结点区域为 $R_{tj}(j=1,2,\cdots,J)$。其中，J 为回归树的叶子结点的数量。

③ 对叶子结点区域 j=1,2,…,J，计算最佳拟合值：

$$c_{tj}=\operatorname{argmin}_c\sum_{x_i\in R_{tj}}L(y_i,h_{t-1}(x_i)+c)$$

④ 更新强学习器：

$$h_t(x)=h_{t-1}(x)+\sum_{j=1}^{J}c_{tj}I,\quad x\in R_{tj}$$

⑤ 得到强学习器：

$$H(x)=h_0(x)+\sum_{t=1}^{T}\sum_{j=1}^{J}c_{tj}I,\quad x\in R_{tj}$$

采用 AdaBoost 模型训练分类模型，参考代码如下：

```
from sklearn.ensemble import AdaBoostClassifier
clf = AdaBoostClassifier(n_estimators=100) #迭代 100 次
clf.fit(train_X, train_y)#进行模型的训练
```

采用三种决策树模型：单一决策树、随机森林、梯度提升决策树，实现分类模型的代码如下：

```
# 从 sklearn.tree 中导入决策树分类器
from sklearn.tree import DecisionTreeClassifier
# 使用随机森林分类器进行集成模型的训练及预测
from sklearn.ensemble import RandomForestClassifier
# 使用梯度提升决策树进行集成模型的训练及预测
from sklearn.ensemble import GradientBoostingClassifier
# 使用默认配置初始化单一决策树分类器
dtc = DecisionTreeClassifier()
dtc.fit(X_train, y_train)
# 使用训练好的决策树模型对测试特征数据进行预测
```

```
y_predict = dtc.predict(X_test)
# 使用随机森林分类器进行集成模型的训练及预测
rfc = RandomForestClassifier()
rfc.fit(X_train, y_train)
rfc_y_pred = rfc.predict(X_test)

# 使用梯度提升决策树进行集成模型的训练及预测
gbc = GradientBoostingClassifier()
gbc.fit(X_train, y_train)
gbc_y_pred = gbc.predict(X_test)
```

任务 3　Python 环境下 XGBoost 的安装及使用

XGBoost 是一个优化的分布式梯度增强库，目标是高效、灵活和便携。它在梯度提升框架下实现机器学习算法。XGBoost 提供梯度提升决策树，可以快速准确地解决许多数据科学问题。相同的代码在主要的分布式环境（Hadoop、SGE、MPI）上运行，可以解决数十亿个示例之外的问题。

Python 环境下 XGBoost 的安装及使用

XGBoost 可以从官网上下载系统的对应版本，执行“pip install”命令进行安装。

XGBoost 使用的参考代码：

```
import xgboost
from numpy import loadtxt
from xgboost import XGBClassifier
from sklearn.model_selection import train_test_split
from sklearn.metrics import accuracy_score# 载入数据集
dataset = pd.read_csv('train_prepared.csv')
# 把数据集拆分成训练集和测试集
X = dataset.iloc[:,13:]
Y = dataset['Survived']
seed = 7
testsize = 0.3
Xtrain, Xtest, ytrain, ytest = train_test_split(X, Y, test_size=testsize,
random_state=seed)
# 拟合 XGBoost 模型
model = XGBClassifier()
model.fit(Xtrain, ytrain)
# 对测试集进行预测
y_pred = model.predict(Xtest)
predictions = [round(value) for value in y_pred]
# 评估预测结果
```

```
accuracy = accuracy_score(ytest, predictions)
print("Accuracy: %.2f%%" % (accuracy * 100.0))
```

任务 4 Python 环境下 LightGBM 的安装及使用

Python 环境下 LightGBM 的安装及使用

LightGBM（Light Gradient Boosting Machine）是微软开源的一个实现梯度提升决策树算法的框架，支持高效率的并行训练。

梯度提升机（Gradient Boosting Machine，GBM）或梯度提升决策树（Gradient Boosting Decision Tree，GBDT）是机器学习中一个长盛不衰的模型，主要思想是利用弱分类器（决策树）迭代训练以得到最优模型，该模型具有训练效果好、不易过拟合等优点。GBDT 在工业界应用广泛，通常用于点击率预测、搜索排序等任务。GBDT 也是各种数据挖掘竞赛的重要工具。据统计，Kaggle 上的比赛有一半以上的冠军方案都是基于 GBDT 的。

LightGBM 的提出主要是为了解决 GBDT 在处理大规模数据时遇到的问题，让 GBDT 可以更快地用于工业实践。它具有以下优点：

（1）更快的训练速度；

（2）更低的内存消耗；

（3）更高的准确率；

（4）分布式支持，可以快速处理大规模数据。

LigthGBM 是提升集合模型中的新进成员，由微软提供，它和 XGBoost 一样，是对 GBDT 的高效实现。原理上，它与 GBDT 及 XGBoost 类似，都采用损失函数的负梯度作为当前决策树的残差近似值，以拟合新的决策树。

LightGBM 在很多方面比 XGBoost 更为优秀。它具有以下优点：

（1）更高的训练效率；

（2）更低的内存消耗；

（3）更高的准确率；

（4）支持并行化学习；

（5）可处理大规模数据；

（6）支持直接使用 Category 特征。

使用 LightGBM 进行分类任务的参考代码：

```
import lightgbm as lgb
# 将 sklearn 模块中的训练数据格式转换为 Dataset 数据格式
lgb_train = lgb.Dataset(Xtrain, ytrain)
lgb_eval = lgb.Dataset(Xtest, ytest, reference=lgb_train)
# 参数设置
params = {
    'boosting_type': 'gbdt',  # 设置提升类型
    'objective': 'binary',  # 目标函数
    'metric': {'auc'},  # 评估函数
    'num_leaves': 31,  # 叶子节点数
```

```
        'learning_rate': 0.05,  # 学习速率
        'nthread': 120,
        'verbose': 1  # <0, 显示致命; =0, 显示错误（警告）; >0, 显示信息
    }

    # 模型训练
    evals_result = {}  # to record eval results
    gbm = lgb.train(params, lgb_train, num_boost_round=100,
valid_sets=lgb_eval,early_stopping_rounds=5,evals_result=evals_result)

    # 模型预测
    y_pred = gbm.predict(Xtest, num_iteration=gbm.best_iteration)
```

项目 5

交叉验证与超参数调优

项目目标

知识目标

- 能够使用 Scikit-learn 中的 GridSearchCV( )函数进行超参数调优；
- 能够理解 GBM 算法中不同超参数对模型的影响。

能力目标

- 能够设置不同的 learning_rates 参数，并理解其对 GBM 模型的影响；
- 能够设置不同的 min_samples_leaf 参数，并理解其对 GBM 模型的影响；
- 能够设置不同的 max_depth 参数，并理解其对 GBM 模型的影响；
- 能够设置不同的 max_features 参数，并理解其对 GBM 模型的影响。

素质目标

- 超参数调优是模型质量保障的关键，培养学生质量至上的意识；
- 培养学生精益求精的工匠精神、不惧困难的精神、耐心分析的能力。

引言

通过之前的课程学习，同学们掌握了机器学习项目的实战流程，并通过详细学习数据准备工作阶段的知识和技能，掌握了优化机器学习模型效果的方法。

在机器学习实战中，超参数调优是优化机器学习模型效果的另一项工作。本章内容将围绕机器学习超参数调优相关的知识展开介绍。

任务 1　知识准备

超参数调优

5.1.1　机器学习算法中的参数与超参数

在应用机器学习算法时，会涉及机器学习算法中的参数和超参数。二者的区别简单总结为：可以从数据中学习得到的是参数，无法从数据里学习得到、需要靠人的经验来设定的参数是超参数。

机器学习算法中的参数具有以下特点：

（1）参数由样本数据学习得到，不需要提前设置；

（2）参数通常作为最终模型的一部分保存；

（3）使用模型进行预测时，需要使用保存的参数。

机器学习算法中的参数包括逻辑回归算法中的系数、神经网络中的权重等。

机器学习算法中的超参数具体有以下特点：

（1）超参数主要应用于模型参数的学习过程，无法从样本数据中直接学习得到；

（2）超参数通常使用启发式方法，在训练之前提前设置；

（3）超参数定义了模型更高层级的概念，如模型复杂度等。

机器学习算法中的超参数包括训练神经网络时的学习速率、随机森林中单棵决策树的最大深度等。

基于机器学习算法中的超参数的特点，机器学习实战中往往需要使用经验法则或通过反复试验的方法探寻算法超参数的最优值。下面将介绍超参数调优方法。

5.1.2　超参数调优方法

超参数调优的基本思路是尝试不同的超参数组合来训练模型，通过比较不同组合得到的模型表现，最终确定最优的超参数组合。实战中不同的调优方法主要体现为生成超参数组合的方法，常用的方法包括网格搜索（Grid Search）和随机搜索（Random Search）两种。

1．网格搜索

网格搜索是一种遍历给定的参数取值来生成参数组合的方法。使用网格搜索方法时，首先需要基于经验为每个目标超参数设定一组值，然后穷举参数组合，最终通过比较效果确定表现最优的一组参数，该方法又称为穷举搜索。

网格搜索方法对经验十分依赖，要求使用者熟悉算法的原理，了解算法中会影响模型效果的重要超参数，并能对调参区间进行合理设定。需要注意的是，网格搜索的穷举计算方式过于耗时，有经验的机器学习工程师往往会有目标地分批迭代进行调参。

2．随机搜索

鉴于网格搜索的耗时太长，学术界提出了随机搜索的方法，其基本思想是在一定的区间内随机地产生参数点用来评估验证集预测效果，最后仍然通过比较得到最优的模型及参数组合。可见，该算法同样需要数据科学家对参数的调参区间进行合理设定，依赖于经验。

随机搜索的方法建立在概率论的基础上，取的随机点越多，得到最优解的概率就越大。这种方法存在精度较差的问题，但效率高于网格搜索。

网格搜索和随机搜索的方法在超参数的选择和参数区间设置上均依赖于经验。5.1.3 节将以 Scikit-learn 中 GBDT 算法为例，介绍其超参数的含义及按照经验进行网格搜索调优的步骤。

3．数据集划分

2.1.3 节简单介绍了训练集/训练数据、测试集/测试数据、验证集/验证数据的作用和划分方法。图 5.1 可以用来更直观理解训练集、测试集、验证集的作用及划分。

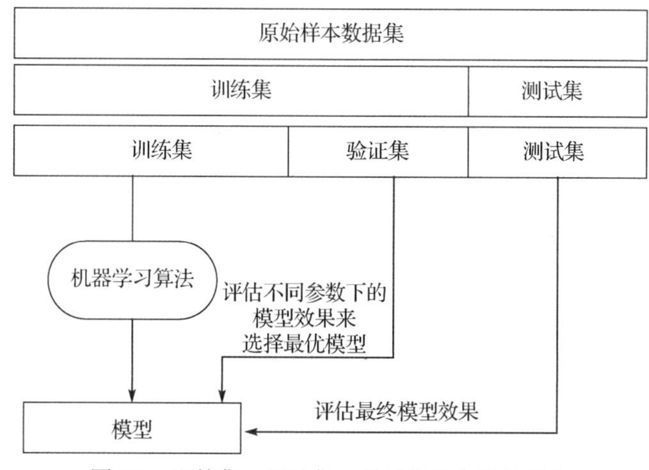

图 5.1　训练集、测试集、验证集的作用及划分

如图 5.1 所示，实战中需要一份测试集用于评估最终模型的效果。在模型训练阶段，进行超参数调优要尝试不同的参数组合，因此需要验证集来对比找出效果最佳的模型。

在之前的练习中，从原始的训练集文件拆分出 20%的数据集作为验证集，用来评估模型效果。这种方法在实战中称为留出法（Holdout），是指将剩余的数据集按照一定比例划分出训练集和验证集。

然而，当原始数据集样本量较小时，只进行一次划分所得到的验证集对模型效果的评估具有偶然性。因此，为了更好地评估和对比不同模型的真实效果，常使用交叉验证的方法进行操作。

4．*K* 折交叉验证

交叉验证的基本思路是将数据集拆分、训练、评估的步骤重复 K 次，并将评估指标平均化处理，以更好地反映模型预测效果，K 折交叉验证如图 5.2 所示。

如图 5.2 所示，交叉验证是将数据划分为 K 等份，用 K−1 份作为训练集，剩余 1 份作为验证集，依次轮换训练集和验证集 K 次，直到找到预测误差最小的模型，该模型是所求模型。这种交叉检验也称为 K 折交叉验证，该操作综合不同组验证集的评估结果，对比选择出的模型更具合理性。

实战中，如果整体数据量较小，那么 K 值的设定可以较大，使训练集占整体数据集的比例较大。当 K 设为样本总数时，用于训练的数据集只比整体数据集少了 1 个样本，因此最接近原始样本的分布，这种方法也称为留一（Leave One Out）法。

可以通过 sklearn 的 model_selection 模块，实现上述交叉验证法的划分。

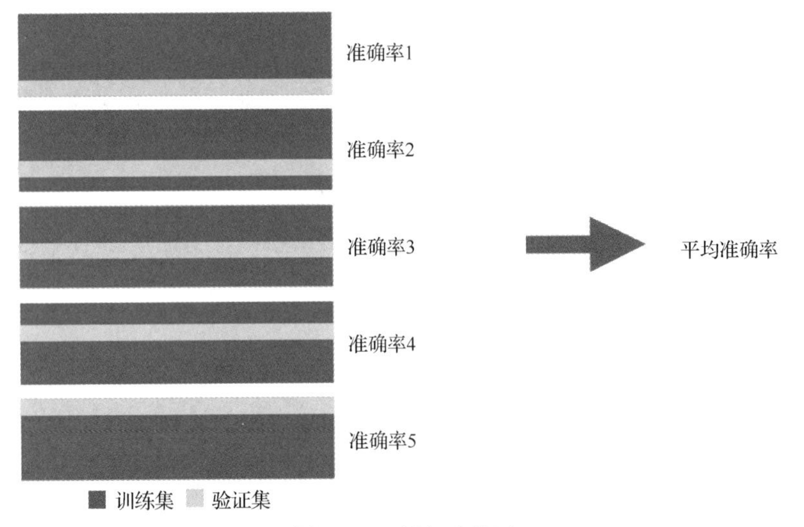

图 5.2　*K* 折交叉验证

K 折交叉验证法划分的参考代码如下：

```
from sklearn.model_selection import KFold
X = [9, 8, 7, 6, 5, 4, 3, 2, 1]
k_folds = KFold(n_splits=3)
for train, val in k_folds.split(X):
    print("%s %s" % (train, val))
```

上述代码中，*K* 折交叉验证法用于交叉验证数据集的划分，通过其参数 n_splits 来实现 *K* 值的设置，split()函数返回划分后的数据集的索引。输出结果：

```
[3 4 5 6 7 8] [0 1 2]
[0 1 2 6 7 8] [3 4 5]
[0 1 2 3 4 5] [6 7 8]
```

对于留一法，sklearn 也提供了方法来实现，代码如下：

```
from sklearn.model_selection import LeaveOneOut
X = [1, 2, 3, 4]
loo = LeaveOneOut()
for train, val in loo.split(X):
    print("%s %s" % (train, val))
```

使用 model_selection 模块中的留一法可以实现划分，split()函数返回留一法划分后的数据集索引，输出结果：

```
[1 2 3] [0]
[0 2 3] [1]
[0 1 3] [2]
[0 1 2] [3]
```

5. 时间序列数据的交叉验证

上述交叉验证方法的前提是假设数据集中样本为独立同分布。对于有时间序列属性的样本数据集，因为它们在相邻的时间点存在自相关性，所以使用上述交叉验证的方法划分会造成不合理的相关性。因此，对于时间序列数据的模型评估，需要使用"未来"的样本作为验证集来评估模型效果。

时间序列数据集的交叉验证划分中，需要确保每次划分出的验证集在时间顺序上"晚"于训练集，因此随机的划分方法是不合适的。可以通过 model_selection 模块中 TimeSeriesSplit 方法实现，代码如下：

```
from sklearn.model_selection import TimeSeriesSplit
X = [1, 2, 3, 4, 5, 6]
tscv = TimeSeriesSplit(n_splits=3)
for train, val in tscv.split(X):
    print("%s %s" % (train, val))
```

TimeSeriesSplit 方法的使用与 *K* 折交叉验证方法类似，通过 n_splits 可以设置划分的次数，通过 split()函数返回划分后的索引，但结果与 *K* 折交叉验证方法的结果不同，该方法保证了划分结果的顺序性，代码如下：

```
[0 1 2] [3]
[0 1 2 3] [4]
[0 1 2 3 4] [5]
```

在机器学习实战中，交叉验证的方法常用于算法超参数调优，往往基于不同模型的交叉验证的结果确定最优的模型及相应的超参数组合。

6. model_selection 模块

Scikit-learn 的 model_selection 模块提供了上述的划分交叉验证数据集的方法，也提供了可以直接进行交叉验证的超参数调优方法，包括前面介绍的网格搜索和随机搜索。

GridSearchCV 方法提供了基于交叉验证和网格搜索的超参数调优方法，主要接收的参数：

（1）estimator：sklearn 框架中的模型对象，如 RandomForestClassifier()；

（2）param_grid：以 Python 字典格式存储的参数与调参范围，如'n_estimators': [5, 10, 20, 50, 100, 200]；

（3）scoring：用于评估模型的指标，如 accuracy、roc_auc 等，默认情况下使用 estimator 默认的 scoring 设置；

（4）cv：用来定义交叉验证划分数据的机制，如上述介绍的 KFold、TimeSeriesSplit 等划分方法。

GridSearchCV 方法包括了 fit()、score()、predict()等常用函数，其中 fit()函数的功能为尝试所有超参数组合来训练模型，并可以通过 best_score_属性查看最优模型的预测效果，代码如下：

```
from sklearn.ensemble import RandomForestClassifier
from sklearn.model_selection import GridSearchCV
# 实例化一个随机森林分类器
```

```
rf = RandomForestClassifier()
# 设置超参数及拟使用的参数取值
param_grid = {
    'n_estimators': [5, 10, 20, 50, 100, 200],
    'max_features': ['sqrt', 'log2'],
    'max_depth': [3, 5, 10, 20],
    'min_samples_split': [2, 5, 10]
}
# 实例化 GridSearchCV，接收 rf、param_grid，设置为 3 折交叉验证
rf_gs = GridSearchCV(rf, param_grid, cv=3)
# 运行网格搜索
rf_gs.fit(X, y)
# 查看最优模型的交叉验证评估效果
rf_gs.best_score_
# 使用最优模型对新的数据集进行预测
rf_gs.predict(new_X)
# 使用最优模型对测试集进行评估
rf_gs.score(test_X, test_y)
```

RandomizedSearchCV 方法提供了基于交叉验证和随机搜索的超参数调优方法，主要接收的参数与 GridSearchCV 类似，包括 estimator、scoring、cv 等，但 RandomizedSearchCV 方法接收的超参数调优空间的设置方法不同，包括：

（1）param_distributions：同样以 Python 字典格式存储参数与调参范围，可以使用 GridSearchCV 中的 param_grid 的设置方法，所有参数值均以列表形式设置，在执行中将会使用无放回采样的方式，均匀化采样。对于连续型参数，可以指定一个连续分布来进行参数采样，但必须使用随机变量样本（Random Variate Sample，RVS）方法来返回采样值。常使用 scipy.stats 模块中的分布，如 expon、gamma、uniform、randint 等；

（2）n_iter_search：用于控制随机采样的迭代次数或参数组合数量。

RandomizedSearchCV 方法，同样包括了 fit()、score()、predict()等常用函数，其他如 best_score_等属性和 GridSearchCV 方法相同。在代码示例中，主要展示参数设置上的区别，代码如下：

```
from sklearn.ensemble import RandomForestClassifier
from sklearn.model_selection import RandomizedSearchCV
# 实例化一个随机森林分类器
rf = RandomForestClassifier()
# 设置超参数及取值分布，使用 scipy.stats 中的 randint 分布函数
from scipy.stats import randint
param_dist = {
    'n_estimators': [5, 10, 20, 50, 100, 200],
    'max_features': ['sqrt', 'log2'],
    'max_depth': randint(2, 20),
    'min_samples_split': randint(1, 10)
```

```
}
# 设置迭代次数
n_iter_search = 20
# 实例化RandomizedSearchCV，接收rf、param_dist、n_iter_search，设置为3折交叉验证
rf_rs = RandomizedSearchCV(rf, param_dist, n_iter = n_iter_search, cv=3)
# 运行随机搜索
rf_rs.fit(X, y)
# 查看最优模型的交叉验证评估效果
rf_rs.best_score_
```

本节主要利用 Scikit-learn 中提供的交叉验证和网格搜索或随机搜索实现超参数调优，并对 GridSearchCV 和 RandomizedSearchCV 方法进行介绍和代码例示。

掌握 Scikit-learn 提供的超参数调优的工具，再加上对算法超参数的理解和经验的设置，就可以在实战中顺利完成对算法的超参数调优工作。下面将以 GBM 算法为例，展开介绍其超参数的含义，以及依据经验的调参方法。

5.1.3 GBM 算法的超参数调优

项目 4 中介绍过 GBM 算法的基本原理，GBM 算法具有以下特点：

（1）由一系列弱分类器组成，弱分类器常用决策树算法，属于集成学习算法的一种；

（2）弱分类器的生成是顺序的，基于前序模型的预测效果，在残差减少的梯度方向上建立后序新模型。

基于 GBM 算法的基本原理，可以将其超参数分为三类：影响梯度推进的超参数、影响树结构的超参数、随机性相关的超参数。

1．影响梯度推进的超参数

Scikit-learn 的 GBM 算法中主要有两个参数可以控制梯度推进的过程，即学习率（learnning_rate）和推进的梯度数量（n_estimators）。

learnning_rate 用于控制每个弱分类器的分布，决定了最终模型中每个弱分类器的影响。通常会选择较低的学习率来得到泛化能力更优的模型。但较低的学习率需要更多的梯度来配合，往往也会导致训练过程更耗时。

n_estimators 为执行推进的梯度数，也可以认为是弱分类器的数量。由于 GBM 在 n_estimators 设置为较大数值的情况下健壮性也较强，所以为了得到更好的模型表现，通常设置为较大数值。

2．影响树结构的参数

前面介绍过 GBM 算法中弱分类器常使用决策树算法，可以通过图 5.3 来直观理解决策树的结构及影响其结构复杂度的相关参数。

如图 5.3 所示，Scikit-learn 中控制单棵树结构的参数如下。

（1）max_depth：控制单棵决策树划分的最大深度，深度是模型复杂度的一方面。树的深度基本上控制了特征相互作用的程度。例如，如果要覆盖维度特征和精度特征之间的交叉关系特征，那么树的深度至少为 2。不幸的是，特征相互作用的程度是未知的，通常设置得比较低。实战中，树的深度为 4～6 通常能够得到最佳结果。

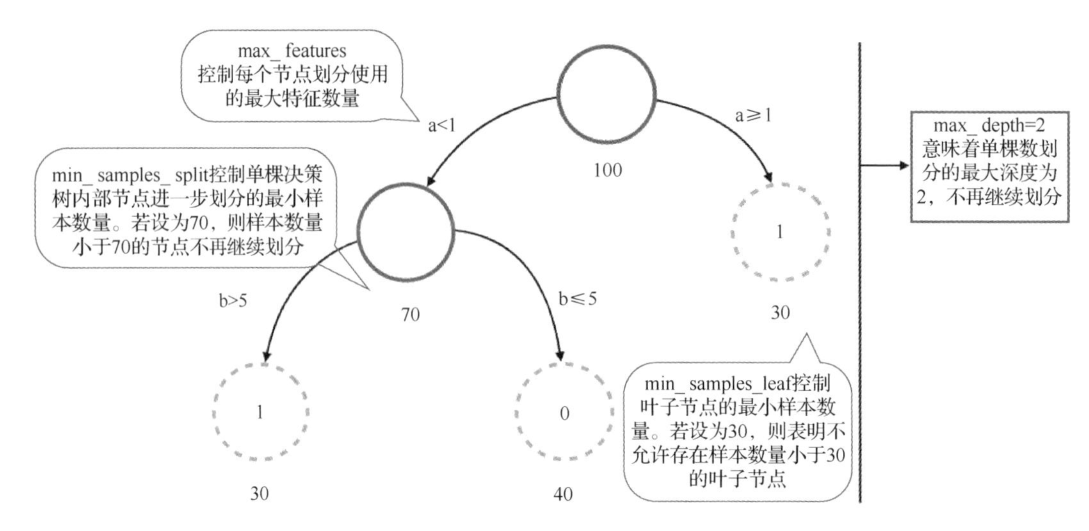

图 5.3　决策树的结构及影响其结构复杂度的相关参数

（2）max_features：允许单棵决策树在每个节点上划分使用的最大特征数量。该参数的值越小，模型的预测方差降低程度越大，意味着模型更稳定，但偏差也会增大。实际的经验设置：对于回归问题，max_features=n_features；对于分类问题，max_features=sqrt(n_features)，n_features 为输入数据中特征的数量。设置方法：

① None：max_features=n_features；

② sqrt/auto：max_features=sqrt(n_features)；

③ log2：max_features=log2(n_features)；

④ 整数值 *N*：max_features=N；

⑤ 浮点型数值 *N*：max_featues 为 n_features 的一定比例，若 *N*=0.2，则 max_features=int(0.2 × n_features)。

（3）min_samples_split：单棵决策树内部节点进一步划分的最小样本数量。

（4）min_samples_leaf：叶子节点的最小样本数量，其作用与 min_samples_split 类似，因此实战中选择其一进行调优。

3．随机性相关的参数

在构建树的过程中引入随机性可以得到更高的准确率。Scikit-learn 提供了以下两种方法引入随机性。

（1）max_features：也是影响树结构的参数，前文已有介绍；

（2）subsample：在构建树之前对训练集进行随机取样，为浮点型数值，含义为使用整体样本的比例。

4．GBM 算法超参数调优实战

前面介绍了 GBM 算法中的超参数的意义及其作用，实战中 GBM 算法的超参数调优是相当主观的，或者可以认为是经验性的，所以本节主要介绍使用 GBM 算法时超参数调优的技巧。

通过前文的学习，我们知道 GBM 超参数之间是相互影响的，如 learning_rate 和 n_estimators、min_samples_split 和 min_samples_leaf。因此在实际超参数调优时，不需要对所有参数进行调优。经验性的超参数调优步骤：

（1）根据要解决的问题选择损失函数；

（2）先将 n_estimators 设置得尽可能大（如 3000）；

（3）通过 GridSearchCV 方法对 max_depth、learning_rate、min_samples_leaf、max_features 进行调优；

（4）保持其他参数不变，增加 n_estimators，再次对 learning_rate 调优。

参数调优空间的经验设置及代码如下：

```
from sklearn.model_selection import GridSearchCV
from sklearn.ensemble import GradientBoostingClassifier
# 设定网格搜索的参数及调优空间
param_grid = {'learning_rate': [0.1, 0.05, 0.02, 0.01],
          'max_depth': [4, 6],
          'min_samples_leaf': [3, 5, 9, 17],
          'max_features': [1.0, 0.3, 0.1]
          }# 实例化 GBM 分类模型
gbm = GradientBoostingClassifier(n_estimators=3000)
# 实例化 GridSearchCV 并执行训练
gbm_gs = GridSearchCV(gbm, param_grid, cv=5).fit(X, y)
# 查看最优模型的参数结果
gbm_gs.best_params_
```

本节通过介绍机器学习算法中的参数与超参数、超参数调优方法、GBM 算法的超参数调优，使同学们了解机器学习实战中超参数调优的基本知识。以 GBM 算法为例，具体介绍了其超参数的含义及作用，以及经验式的超参数调优方法。

在本节对应的练习中，同学们可以用项目 3 中保存的特征工程的数据，逐一分析、体会 GBM 的不同参数对于模型的影响，并最终实现网格化的超参数调优，找到最佳模型。

任务 2 随机森林超参数调优

随机森林超参数调优

随机森林（Random Forest，RF）在 Scikit-learn 中的 ensemble 模块下，RF 的分类是 RandomForestClassifer 类，回归是 RandomForestRegressor 类。本节基于泰坦尼克号事件生存预测案例介绍 RandomForestClassifier 类，用网格搜索进行参数调优。随机森林是基于 Bagging 框架的决策树模型，因此随机森林的参数调优包括 RF 框架的参数调优和 RF 决策树的参数调优。因此，理解 RF 框架参数和 RF 决策树参数的含义是模型参数调优的前提。

5.2.1 RF 框架的参数意义

n_estimators：对原始数据集进行有放回抽样生成的子数据集数量，即决策树的数量。若 n_estimators 的数值太小，则容易欠拟合，数值太大不能显著地提升模型，所以 n_estimators 应选择适中的数值，版本 0.20 的默认值是 10，版本 0.22 的默认值是 100。

bootstrap：是否对样本集进行有放回抽样来构建树，默认值为 True。

oob_score：是否采用袋外样本来评估模型效果，默认值为 False，袋外样本误差是测试数据集误差的无偏估计，所以推荐将其设置为 True。

RF 框架的参数很少，框架参数择优一般是调节 n_estimators 的值，即决策树的数量。

5.2.2 RF 决策树的参数含义

max_features：构建决策树最优模型时考虑的最大特征数。默认是 auto，表示最大特征数是 N 的平方根；log2 表示最大特征数是 log2N；sqrt 表示最大特征数是 $\sqrt{N}$ 。如果是整数，那么表示考虑的最大特征数；如果是浮点数，那么表示对 $N \times$ max_features 取整。其中，N 表示样本的特征数。

max_depth：决策树的最大深度。若等于 None，则表示决策树在构建最优模型的时候不会限制子树的深度。若模型样本量大、特征多，则推荐限制最大深度；若样本量小、特征少，则不限制最大深度。

min_samples_leaf：叶子节点含有的最小样本数。若叶子节点样本数小于 min_samples_ leaf，则对该叶子节点和兄弟叶子节点进行剪枝，只留下该叶子节点的父节点。整数型表示数量，浮点型表示取大于或等于（样本数 × min_samples_leaf）的最小整数。min_samples_leaf 的默认值是 1。

min_samples_split：节点可分的最小样本数，默认值是 2。整数型和浮点型的含义与 min_samples_split 类似。

max_leaf_nodes：最大叶子节点数。用 int 设置节点数，None 表示对叶子节点数没有限制。

min_impurity_decrease：节点划分的最小不纯度。假设不纯度用信息增益表示，若某节点划分时的信息增益大于或等于 min_impurity_decrease，则该节点可以再划分；反之，则不能再划分。

criterion：表示节点的划分标准。不纯度标准参考 Gini 指数，信息增益标准参考熵（Entrop）。

min_samples_leaf：叶子节点最小的样本权重和。叶子节点若小于这个值，则会和兄弟节点一起被剪枝，只保留叶子节点的父节点。若默认值是 0，则不考虑样本权重问题。一般来说，如果有较多样本的缺失值或很大偏差，那么尝试设置该参数值。

RF 的经验性超参数调优步骤：

（1）根据要解决的问题选择损失函数；

（2）将 n_estimators 设置得尽可能大（如 3000）；

（3）使用 GridSearchCV 方法对 max_depth、max_features 进行调优。

```
from sklearn.model_selection import GridSearchCV
from sklearn.ensemble import RandomForestClassifier
from sklearn.datasets import make_classification

# 使用 make_classification 构建样本数为 1000、特征数为 50 的二元分类数据
X,y = make_classification(n_samples=1000,n_features=50,n_clusters_per_class=1,
                          n_informative=15,random_state=10)
rf = RandomForestClassifier(random_state=10)
# 设定网格搜索的参数及调优空间
param_grid = {'n_estimators': [10, 50, 100],
              'max_depth': [3, 5, 9],
              'max_features': [1, 5, 10],
          }# 实例化 rf 分类模型
```

```
# 实例化 GridSearchCV 并执行训练
rf_gs = GridSearchCV(rf, param_grid, cv=5).fit(X, y)
# 查看最优模型的参数结果
rf_gs.best_params_
```

任务 3　实战：GBM 算法超参数调优

GBM 算法超参数调优

5.3.1　问题定义

本次练习来源于 Kaggle 举办的一次数据竞赛，希望用机器学习来解决预测“生”与“死”的二元分类问题。

本次练习将使用 Scikit-learn 中提供的 GBM 算法对算法进行超参数调优，进一步优化模型效果。

5.3.2　数据准备

在项目 3 的练习中，准备了一份新的数据集 train_prepared.csv，并保存到./data/titanic/目录下，可以在本环节使用。

1．读取和查看数据

（1）使用 pandas 模块中 read_csv()函数载入 train_prepared.csv 文件数据；

（2）选择用于后续建模的特征，构建特征数据集 trainX；

（3）选择 Survived 字段作为目标变量，构建目标变量数据集 trainY。

train_prepared.csv 文件位于./data/titanic/目录下。

特征数据集包括的特征：SibSp、Parch、Fare、Pclass_1、Pclass_2、Pclass_3、Sex_male、Sex_female、Age_categories_Missing、Age_categories_Infant、Age_categories_Child、Age_categories_Teenager、Age_categories_Young Adult、Age_categories_Adult、Age_categories_Senior。

参考代码如下：

```
import pandas as pd
train = pd.read_csv("./data/titanic/train_prepared.csv")
trainY = train['Survived']
trainX = train[['SibSp', 'Parch', 'Fare', 'Pclass_1', 'Pclass_2', 'Pclass_3',
                'Sex_male', 'Sex_female', 'Age_categories_Missing',
'Age_categories_Infant',
                'Age_categories_Child', 'Age_categories_Teenager',
'Age_categories_Young Adult',
                'Age_categories_Adult', 'Age_categories_Senior']]
```

2．划分训练集和验证集

（1）为了比较 GBM 中参数的不同设置对模型效果的影响，并对比超参数调优后模型效果与默认参数模型效果，使用同样的训练集和验证集进行实验。

（2）为保证结果可复现，使用 sklearn 模块中提供的 train_test_split()函数划分时，按照同样的比例（test_size=0.20）及相同的随机状态（random_state=1）划分。

参考代码如下：

```
from sklearn.model_selection import train_test_split
train_X, val_X, train_y, val_y = train_test_split(trainX, trainY,
test_size=0.20,random_state=1)
```

3. 使用 GBM 算法默认参数建模并评估效果

（1）基于划分后的数据集，使用 GBM 算法默认参数进行模型训练，为确保结果可复现，random_state 参数设置为 1，其余参数使用默认值；

（2）基于验证集评估默认参数下的 GBM 模型效果，用于后续对比。

参考代码如下：

```
# 实例化一个 GBM 分类器
# 用分类器 fit()函数基于 train_X、train_y 数据训练模型
# 用 score()函数基于 val_X、val_y 评估模型效果
from sklearn.ensemble import GradientBoostingClassifier
gbm = GradientBoostingClassifier(random_state=1)
gbm = gbm.fit(train_X, train_y)
print(gbm.score(val_X, val_y))
```

输出结果：

```
0.7653631284916201
```

4. 比较不同的 learning_rates 设置对 GBM 模型的影响

（1）使用不同的学习率构建 GBM 模型，并保存模型对训练集和验证集的准确率评估结果；

（2）以可视化方式展示不同学习率下模型对于训练集和验证集的预测效果。

参考代码如下：

```
# 设置不同的学习率
learning_rates = [1, 0.5, 0.25, 0.1, 0.05, 0.01]
# 生成两个空列表变量，用于保存模型对于训练集和验证集的评估结果
train_results = []
val_results = []
# 遍历 learning_rates 列表，进行模型训练和评估，并保存评估结果
for eta in learning_rates:
    model = GradientBoostingClassifier(learning_rate=eta, random_state=1)
    model.fit(train_X, train_y)

    train_results.append(model.score(train_X, train_y))
    val_results.append(model.score(val_X, val_y))

# 以可视化的方式展示不同学习率下模型对训练集和验证集的预测效果
import matplotlib.pyplot as plt
from matplotlib.legend_handler import HandlerLine2D
```

```
%matplotlib inline
train_line, = plt.plot(learning_rates, train_results, 'b', label="train_acc")
val_line, = plt.plot(learning_rates, val_results, 'r', label="val_acc")
plt.legend(handler_map={train_line: HandlerLine2D(numpoints=2)})
plt.ylabel("Accuracy")
plt.xlabel("learning rate")
plt.show()
```

从模型预测效果随学习率的变化趋势（见图 5.4）可见，对于训练集（train_acc）而言，模型预测效果随着学习率的增大呈现先提升后放缓的情况；对于验证集（Val_acc）而言，模型预测效果在 0～0.1 的范围内出现先增后降的情况，之后随着学习率的增大也出现先增大后放缓的情况。

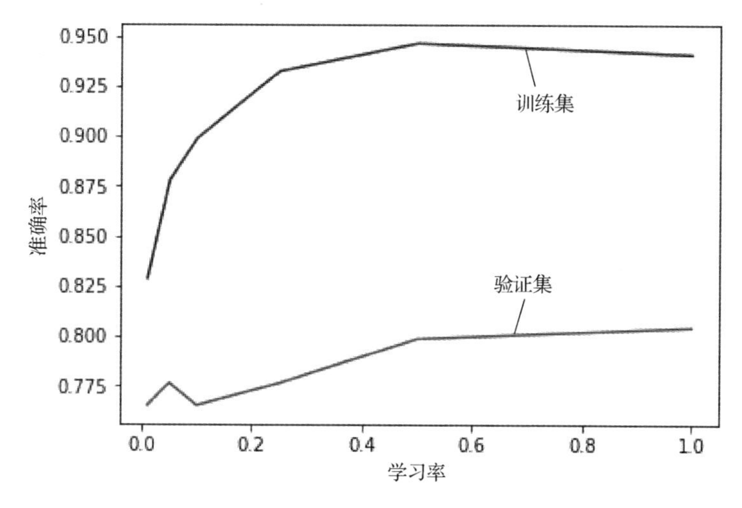

图 5.4　模型预测效果随学习率的变化趋势

可以认为，学习率为 0.5 时，模型对于训练集和验证集的预测效果俱佳。

5．比较不同的 min_samples_leaf 设置对 GBM 模型的影响

（1）使用不同的 min_samples_leaf 构建 GBM 模型，并保存模型对训练集和验证集的准确率评估结果；

（2）以可视化方式展示不同的 min_samples_leaf 设置下模型对于训练集和验证集的预测效果。

参考代码如下：

```
# 设置不同的 min_samples_leaf
min_samples_leafs = [1, 3, 5, 9, 17]
# 生成两个空列表变量，用于保存模型对于训练集和验证集的评估结果
train_results = []
val_results = []
# 遍历 min_samples_leafs 列表，进行模型训练和评估，并保存评估结果
for min_samples_leaf in min_samples_leafs:
    model = GradientBoostingClassifier(min_samples_leaf=min_samples_leaf,
random_state=1)
```

```
    model.fit(train_X, train_y)

    train_results.append(model.score(train_X, train_y))
    val_results.append(model.score(val_X, val_y))

# 以可视化的方式展示不同 min_samples_leaf 的设置下模型对训练集和验证集的预测效果
import matplotlib.pyplot as plt
from matplotlib.legend_handler import HandlerLine2D
%matplotlib inline
train_line, = plt.plot(min_samples_leafs, train_results, 'b', label="train_acc")
val_line, = plt.plot(min_samples_leafs, val_results, 'r', label="val_acc")
plt.legend(handler_map={train_line: HandlerLine2D(numpoints=2)})
plt.ylabel("Accuracy")
plt.xlabel("min_samples_leafs")
plt.show()
```

图 5.5 显示的是不同 min_samples_leaf 设置下模型对训练集和验证集的预测效果。从可视化结果可见，增加 min_samples_leafs 值会导致模型欠拟合，预测能力下降。

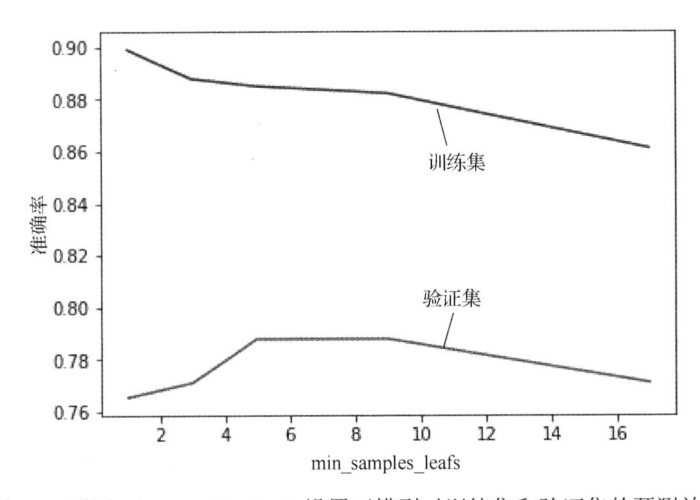

图 5.5　不同 min_samples_leafs 设置下模型对训练集和验证集的预测效果

6．比较不同的 max_depths 设置对 GBM 模型的影响

（1）使用不同的 max_depths 构建 GBM 模型，并保存模型对训练集和验证集的准确率评估结果；

（2）以可视化方式展示不同的 max_depths 设置下模型对于训练集和验证集的预测效果。

参考代码如下：

```
# 设置不同的 max_depth
import numpy as np
max_depths = np.linspace(1, 32, 32, endpoint=True)
# 生成两个空列表变量，用于保存模型对于训练集和验证集的评估结果
train_results = []
val_results = []
```

```
# 遍历max_depths列表，进行模型训练和评估，并保存评估结果
for max_depth in max_depths:
    model = GradientBoostingClassifier(max_depth=max_depth, random_state=1)
    model.fit(train_X, train_y)

    train_results.append(model.score(train_X, train_y))
    val_results.append(model.score(val_X, val_y))

# 以可视化的方式展示不同的max_depths设置下模型对训练集和验证集的预测效果
import matplotlib.pyplot as plt
from matplotlib.legend_handler import HandlerLine2D
%matplotlib inline
train_line, = plt.plot(max_depths, train_results, 'b', label="train_acc")
val_line, = plt.plot(max_depths, val_results, 'r', label="val_acc")
plt.legend(handler_map={train_line: HandlerLine2D(numpoints=2)})
plt.ylabel("Accuracy")
plt.xlabel("max_depths")
plt.show()
```

图 5.6 显示的是不同的 max_depths 设置下模型对训练集和验证集的预测效果。从可视化结果可见，max_depths 设置过大，模型出现过拟合。模型对于训练集数据的拟合很好，但对于验证集数据的预测能力出现明显下降。

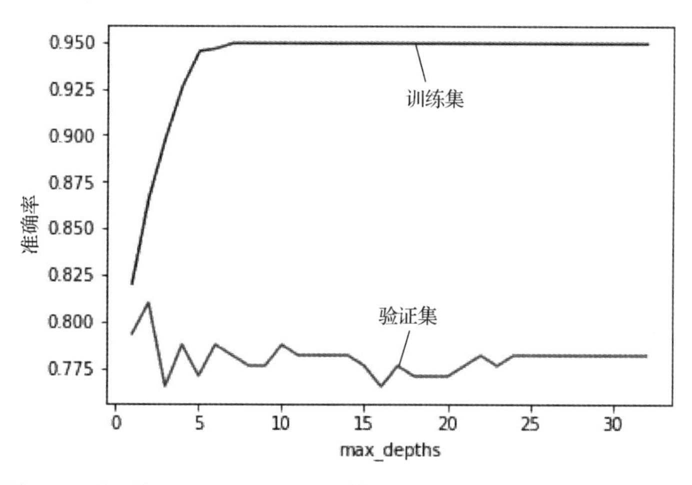

图 5.6　不同的 max_depths 设置下模型对训练集和验证集的预测效果

7．比较不同的 max_features 设置对 GBM 模型的影响

（1）使用不同的 max_features 构建 GBM 模型，并保存模型对训练集和验证集的准确率评估结果；

（2）以可视化的方式展示不同的 max_features 设置下模型对于训练集和验证集的预测效果。

参考代码如下：

```
# 设置不同的max_features
```

```
max_features = [0.1, 0.2, 0.3, 0.4, 0.5, 0.6, 0.7, 0.8, 0.9, 1.0]
# 生成两个空列表变量，用于保存模型对于训练集和验证集的评估结果
train_results = []
val_results = []
# 遍历 max_features 列表，进行模型训练和评估，并保存评估结果
for max_feature in max_features:
    model = GradientBoostingClassifier(max_features=max_feature, random_state=1)
    model.fit(train_X, train_y)

    train_results.append(model.score(train_X, train_y))
    val_results.append(model.score(val_X, val_y))

# 以可视化的方式展示不同的 max_features 设置下模型对训练集和验证集的预测效果
import matplotlib.pyplot as plt
from matplotlib.legend_handler import HandlerLine2D
%matplotlib inline
train_line, = plt.plot(max_features, train_results, 'b', label="train_acc")
val_line, = plt.plot(max_features, val_results, 'r', label="val_acc")
plt.legend(handler_map={train_line: HandlerLine2D(numpoints=2)})
plt.ylabel("Accuracy")
plt.xlabel("max_features")
plt.show()
```

图 5.7 显示的是不同的 max_features 设置下模型对训练集和验证集的预测效果。从可视化结果可见，在其他参数默认的情况下，max_fcatures 设置为全部特征数量导致模型对验证集的预测效果下降，出现过拟合。

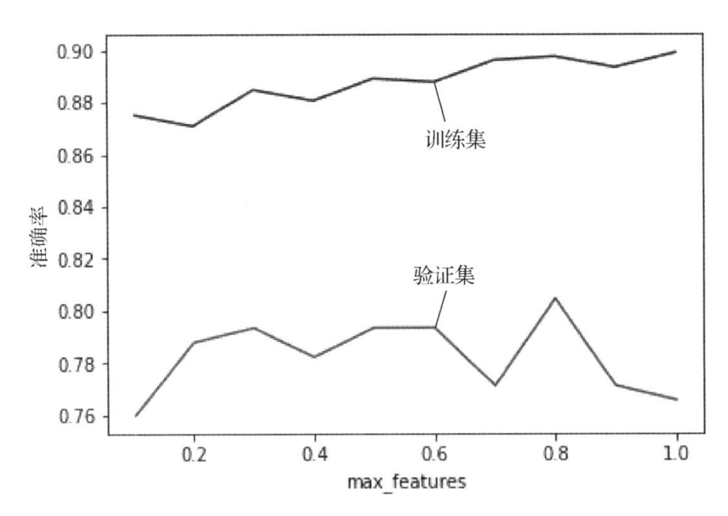

图 5.7 不同的 max_features 设置下模型训练集和验证集的预测效果

8．GBM 算法整体超参数调优

通过上述的练习，我们对 GBM 算法中的关键超参数进行了逐一对比分析，了解了不同参

数值对于模型效果的影响。

本次练习将利用交叉验证和网格搜索的方法，从上述参数中寻找最佳的组合，实现模型提升的目的。

（1）使用 GridSearchCV()函数基于设定的超参数及调优空间进行调优，fit()函数的数据集使用 train_X、train_y，使用 10 折交叉验证方法；

（2）评估最优模型对于验证集的预测效果；

（3）对比最优模型参数与默认模型参数的区别。

提 示

（1）练习中为节省运算时间，使用 param_grid 定义的参数调优设置；

（2）通常参数调优空间会使用 param_grid_2 中的设置范围，在 2 个 CPU 的情况下，完成调优预计运行 1h40min。

参考代码如下：

```
from sklearn.model_selection import GridSearchCV
# 设定网格搜索的参数及调优空间
# param_grid_2 = {'learning_rate': [0.1, 0.05, 0.02, 0.01],
#           'max_depth': [2, 4, 6],
#           'min_samples_leaf': [2, 3, 5, 9],
#           'max_features': [1.0, 0.8, 0.3, 0.1]
#           }
param_grid = {'learning_rate': [0.1 0.01],
        'max_depth': [2, 4],
        'min_samples_leaf': [5, 9],
        'max_features': [1.0, 0.8]
        }
# 实例化 GBM 分类模型 gbm_2
gbm_2 = GradientBoostingClassifier(n_estimators=3000)
# 实例化 GridSearchCV 并执行训练
gbm_gs = GridSearchCV(gbm_2, param_grid, cv=10).fit(train_X, train_y)
print(gbm_gs.score(val_X, val_y))
print(gbm_gs.best_params_)
```

输出结果：

```
0.7821229050279329
{'min_samples_leaf': 9, 'max_features': 1.0, 'max_depth': 2, 'learning_rate':
0.1}
```

5.3.3 小结

本次练习基于项目 3 的数据集，并结合 GBM 算法，逐一通过练习的方式分析体会该算法中重要的超参数，并最终基于交叉验证的网格搜索，寻找出最优模型，最优模型相较于默认参数下的模型，预测准确率有近 1.5%的提升。感兴趣的同学还可以结合理论课程中介绍的调参经验，尝试进一步优化模型：保持已调优中的其他参数不变，增加 n_estimators，再次对 learning_rate 调优。

至此我们完成了泰坦尼克号事件生存预测项目的全部任务，先完成了机器学习项目的实战流程，再通过探索性数据分析和特征工程，尝试运用不同的算法提升模型效果，最后通过对 GBM 算法的超参数调优一步步地完成对模型效果的提升，实现了机器学习实战的迭代和优化。

项目 6

信用违约分类预测

项目目标

知识目标

- 能够熟悉机器学习分类建模的基本流程；
- 能够掌握分类模型的训练与评估方法。

能力目标

- 能够使用机器学习模型完成信用违约分类预测；
- 能够运用欠采样、过采样、SMOTE 算法对不平衡样本进行特殊处理。

素质目标

通过项目分析与实践，提高学生机器学习建模的实战能力。

任务 1 信用违约分类建模

信用违约分类建模

练习目的

- 进一步熟悉机器学习项目的实战流程；
- 掌握分类模型的训练与评估方法。

6.1.1 问题定义

本次练习的业务需求是通过机器学习建模，预测信用卡客户的逾期情况以识别出贷款人的信用风险。该问题的预测目标是分类型变量，可以将问题定义为分类建模问题。

本次练习将使用逻辑回归、随机森林和 GBM 算法建模，并使用 AUC 指标评估预测效果。关于 AUC 指标的计算方法在 2.1.4 节有具体介绍。

6.1.2 数据准备

本次练习使用的数据集包括数据文件 train.csv 和 test.csv。两个数据集都包含了客户是否会逾期（GB.Indicator）的真实标签和特征。首先使用 train.csv 构建机器学习模型，然后通过 test.csv 评估模型的预测效果。

数据字段说明如下。

（1）ID：客户号，是每条样本的唯一标识。

（2）GB.Indicator：客户是否会逾期的标签，取值为 0/1。

（3）利用 pandas 读取训练数据和测试数据，可以选择变量：GB.Indicator、Marital.Status、Working.Years、Monthly.Income、Age、Gender、Tot_Creditcard_Acct、Avg_CL_DebitCard、Tot_Amount_Due_Loan_6Mo、Tot_Amount_Duc_Loan_12Mo、Min_MOB_Loan、Tot_Utilization_Debitcard、Repayment_Percentage_Debitcard。

1．查看数据中的非空数值数量及变量类型

参考代码如下：

```
import pandas as pd
# 需要读取的变量
var_names = ['GB.Indicator', 'Marital.Status', 'Working.Years', 'Monthly.Income',
'Age', 'Gender',
            'Tot_Creditcard_Acct','Avg_CL_DebitCard', 'Tot_Amount_Due_Loan_6Mo',
            'Tot_Amount_Due_Loan_12Mo', 'Min_MOB_Loan',
'Tot_Utilization_Debitcard', 'Repayment_Percentage_Debitcard']
train = pd.read_csv("./data/Credit/train.csv", usecols=var_names)
test = pd.read_csv("./data/Credit/test.csv", usecols=var_names)
# 使用 info()统计 train 和 test 中非空数值的数量及变量类型
train.info()
test.info()
```

输出结果：

```
<class 'pandas.core.frame.dataframe'>
RangeIndex: 27903 entries, 0 to 27902
Data columns (total 13 columns):
GB.Indicator                  27903 non-null int64
Marital.Status                27838 non-null object
Working.Years                 27903 non-null int64
Monthly.Income                27903 non-null float64
Age                         27903 non-null int64
Gender                      27903 non-null int64
Tot_Creditcard_Acct             27903 non-null int64
Avg_CL_DebitCard               24887 non-null float64
Tot_Amount_Due_Loan_6Mo          23160 non-null float64
Tot_Amount_Due_Loan_12Mo         23160 non-null float64
Min_MOB_Loan                  24592 non-null float64
```

```
Tot_Utilization_Debitcard          23927 non-null float64
Repayment_Percentage_Debitcard     21487 non-null float64
dtypes: float64(7), int64(5), object(1)
memory usage: 2.8+ MB
<class 'pandas.core.frame.dataframe'>
RangeIndex: 12097 entries, 0 to 12096
Data columns (total 13 columns):
GB.Indicator                     12097 non-null int64
Marital.Status                   12077 non-null object
Working.Years                    12097 non-null int64
Monthly.Income                   12097 non-null float64
Age                            12097 non-null int64
Gender                          12097 non-null int64
Tot_Creditcard_Acct               12097 non-null int64
Avg_CL_DebitCard                 10768 non-null float64
Tot_Amount_Due_Loan_6Mo            9997 non-null float64
Tot_Amount_Due_Loan_12Mo           9997 non-null float64
Min_MOB_Loan                     10650 non-null float64
Tot_Utilization_Debitcard          10336 non-null float64
Repayment_Percentage_Debitcard     9291 non-null float64
dtypes: float64(7), int64(5), object(1)
```

（1）通过变量含义可知，数据中的分类型变量包括 GB.Indicator、Marital.Status、Gender；数值型变量包括 Working.Years、Monthly.Income、Age、Avg_CL_DebitCard、Tot_Amount_Due_Loan_6Mo、Tot_Amount_Due_Loan_12Mo、Min_MOB_Loan、Tot_Utilization_Debitcard、Repayment_Percentage_Debitcard。

（2）存在缺失值的变量包括 Marital.Status、Avg_CL_DebitCard、Tot_Amount_Due_Loan_6Mo、Tot_Amount_Due_Loan_12Mo、Min_MOB_Loan、Tot_Utilization_Debitcard、Repayment_Percentage_Debitcard。

（3）GB.Indicator 为目标变量（因变量 Y），取值为 0/1。

2. 分析目标变量

对于训练数据，查看预测目标 GB.Indicator 的分布情况，确定需要采用的预测模型。参考代码如下：

```
# 使用 pandas 模块中 value_counts() 函数对 trainY 进行正、负样本数量的统计
train['GB.Indicator'].value_counts()
```

输出结果：

```
0    26000
1     1903
Name: GB.Indicator, dtype: int64
```

从预测目标的变量分布来看，取值只有 0 和 1，可以定义为分类问题。正样本与负样本的比值小于 0.1，极度不平衡。样本不均匀的处理方法见 2.1.3 节模型训练。

3．分析分类型变量

（1）对于分类型变量 Marital.Status，分析它的各类别占比。

（2）分析 Marital.Status 与预测目标 GB.Indicator 之间的关系。

参考代码如下：

```
# Marital.Status 的各类别占比
train['Marital.Status'].value_counts(normalize=True).plot.bar()
```

从图 6.1 所示的 Marital.Status 的分布图可以看出，大部分的客户都是已婚的，占比为 80%左右；一部分客户是单身的，占比约 10%。

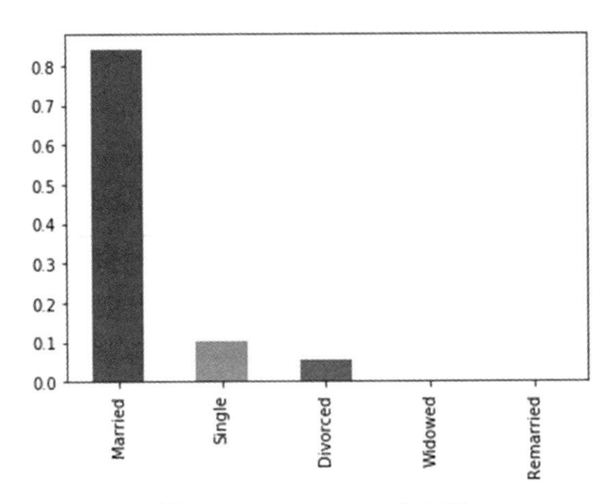

图 6.1　Marital.Status 分布图

```
# 分析预测目标 GB.Indicator 与 Marital.Status 之间的关系
sex_pivot = train.pivot_table(values="GB.Indicator",
index="Marital.Status")
sex_pivot.plot.bar()
```

通过上述操作，将样本按照婚姻情况（Marital.Status）进行分组，并对每组按照预测目标进行统计。y 轴的统计值可以表示为每组逾期的客户数占区间内总人数的比例。如图 6.2 所示，单身客户的占比最高，这说明单身的客户最有可能逾期。

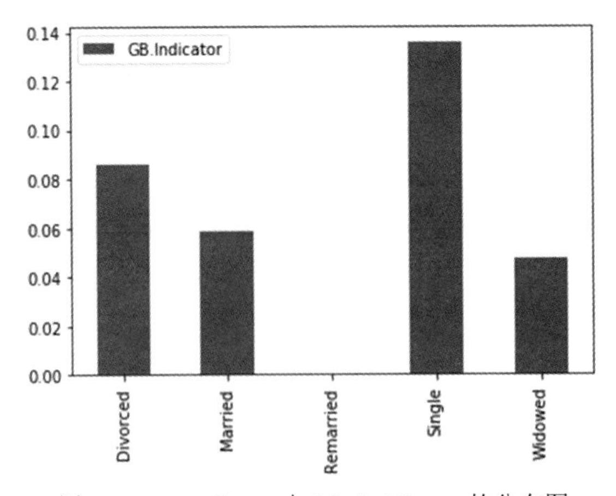

图 6.2　GB.Indicator 与 Marital.Status 的分布图

4．计算训练数据中数值型变量的相关性矩阵

（1）使用 Pearson 相关系数法，相关性矩阵的计算使用 pandas 模块中 corr()函数实现；

（2）计算前剔除分类型变量，使用 pandas 模块中 drop()函数实现；

（3）使用 matplotlib.pyplot 模块，以及 seaborn 模块中的 heatmap()函数将相关性矩阵可视化。

参考代码如下：

```
    train_corr = train.drop(['GB.Indicator', 'Marital.Status', 'Gender'],axis=1).
corr()
    train_corr
```

输出结果：变量相关性矩阵如表 6.1 所示。

表 6.1　变量相关性矩阵

	Working. Years	Monthly. Income	Age	Tot_ Creditcard_ Acct	Avg_CL_ DebitCard	Tot_Amount_ Due_Loan_ 6Mo	Tot_Amount_ Due_Loan_ 12Mo	Min_ MOB_ Loan	Tot_ Utilization_ Debitcard	Repayment_ Percentage_ Debitcard
Working.Years	1.000	0.003	0.245	0.087	0.024	0.011	0.025	0.080	0.014	0.004
Monthly.Income	0.003	1.000	0.031	0.046	0.059	0.030	0.040	−0.027	0.000	0.000
Age	0.245	0.031	1.000	−0.014	0.142	0.074	0.091	0.053	0.007	0.004
Tot_Creditcard_Acct	0.087	0.046	−0.014	1.000	0.198	0.080	0.108	−0.120	−0.011	−0.012
Avg_CL_ DebitCard	0.024	0.059	0.142	0.198	1.000	0.157	0.207	−0.080	−0.010	0.005
Tot_Amount_ Due_Loan_ 6Mo	0.011	0.030	0.074	0.080	0.157	1.000	0.539	−0.097	−0.001	0.000
Tot_Amount_ Due_Loan_ 12Mo	0.025	0.040	0.091	0.108	0.207	0.539	1.000	−0.117	−0.002	0.000
Min_MOB_ Loan	0.080	−0.027	0.053	−0.120	−0.080	−0.097	−0.117	1.000	−0.003	−0.003
Tot_Utilization_ Debitcard	0.014	0.000	0.007	−0.011	−0.010	−0.001	−0.002	−0.003	1.000	0.000
Repayment_ Percentage_Debitcard	0.004	0.000	0.004	−0.012	0.005	0.000	0.000	−0.003	0.000	1.000

```
    # 相关性矩阵的可视化
    import seaborn as sns
    import matplotlib.pyplot as plt
    %matplotlib inline
    # 绘制相关性热力图
    fig = plt.subplots(figsize=(20, 12)) #设置画布大小
    fig = sns.heatmap(train_corr, vmin=-1, vmax=1, annot=True, square=True,
cmap='binary_r')
```

输出结果：相关性矩阵热力图（见图 6.3），数值型变量之间的相关性较低，不需要剔除变量。

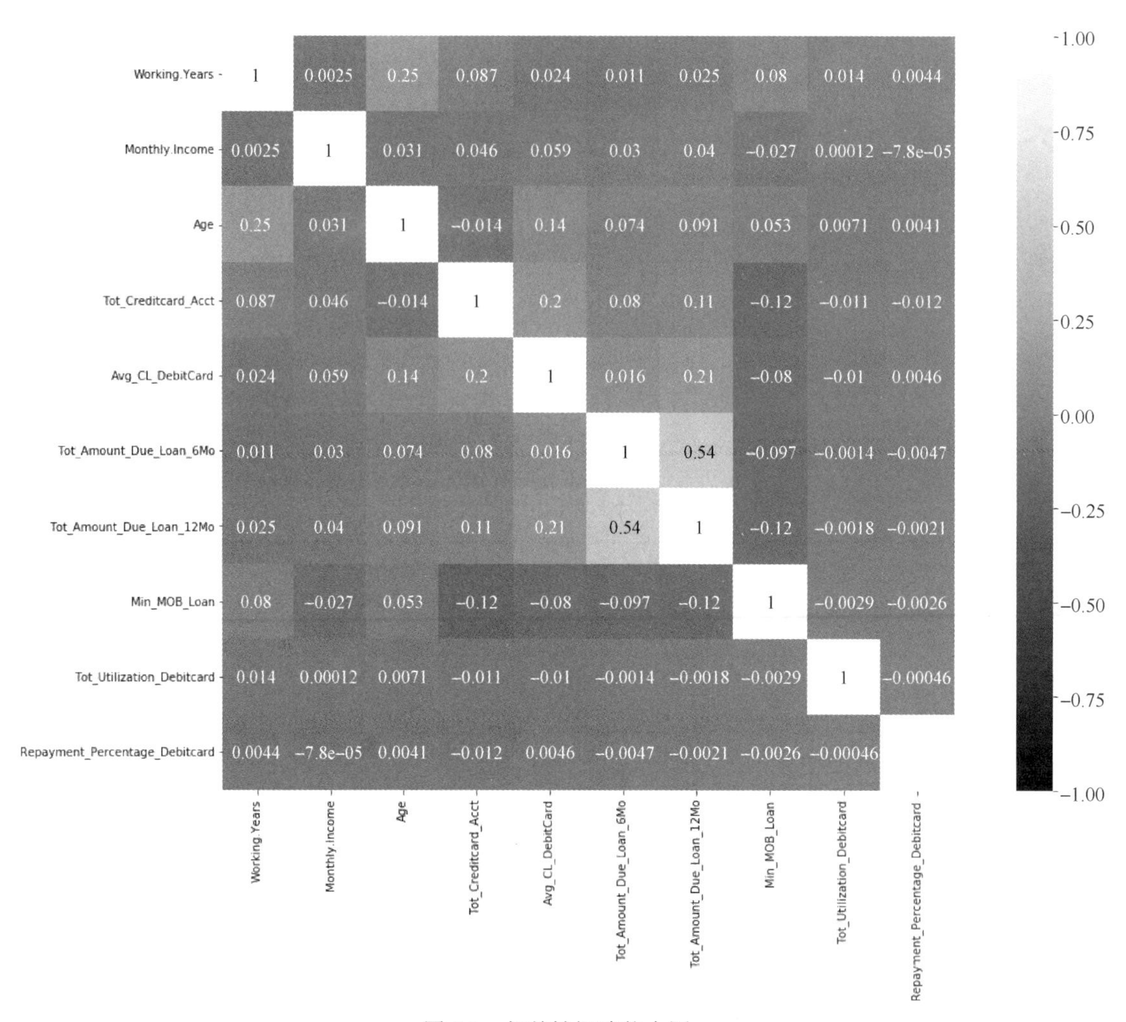

图 6.3　相关性矩阵热力图

6.1.3　模型训练

1．填充缺失值

训练数据和测试数据都存在缺失值。分类型变量的缺失值使用众数进行填充；数值型变量的缺失值使用均值进行填充。

（1）分类型变量包括 Marital.Status。

（2）数值型变量包括

① Avg_CL_DebitCard；

② Tot_Amount_Due_Loan_6Mo；

③ Tot_Amount_Due_Loan_12Mo；

④ Min_MOB_Loan；

⑤ Tot_Utilization_Debitcard；

⑥ Repayment_Percentage_Debitcard。

参考代码如下：

```
# 分类型变量 Marital.Status
```

```
train['Marital.Status'].fillna(train['Marital.Status'].mode()[0], inplace=True)
test['Marital.Status'].fillna(test['Marital.Status'].mode()[0], inplace=True)
# 数值型变量
fillna_names = ['Avg_CL_DebitCard', 'Tot_Amount_Due_Loan_6Mo',
                'Tot_Amount_Due_Loan_12Mo', 'Min_MOB_Loan',
                'Tot_Utilization_Debitcard', 'Repayment_Percentage_Debitcard']
# 使用 for 循环对每个变量进行缺失值的填充
for var_name in fillna_names:
    train[var_name].fillna(train[var_name].mean(), inplace=True)
    test[var_name].fillna(test[var_name].mean(), inplace=True)
```

2. 转换分类型变量

对分类型变量 Marital.Status 进行独热编码处理。参考代码如下：

```
train_2 = pd.get_dummies(train, columns=['Marital.Status'])
test_2 = pd.get_dummies(test, columns=['Marital.Status'])
```

3. 划分目标变量和特征变量并训练分类模型

（1）目标变量为 GB.Indicator 字段，其余变量为特征字段。

（2）使用决策树、随机森林、GBM 对训练数据建模。

参考代码如下：

```
# 划分目标变量和特征变量，目标变量为 GB.Indicator 字段，其余字段为特征变量。
train_y = train_2['GB.Indicator']
train_X = train_2[train_2.columns.difference(['GB.Indicator'])]
test_y = test_2['GB.Indicator']
test_X = test_2[test_2.columns.difference(['GB.Indicator'])]
# 使用决策树、随机森林、GBM 对训练数据建模
from sklearn.tree import DecisionTreeClassifier
from sklearn.ensemble import RandomForestClassifier, GradientBoostingClassifier
cartModel = DecisionTreeClassifier(random_state=123).fit(train_X, train_y)
rfModel = RandomForestClassifier(random_state=123).fit(train_X, train_y)
gbmModel = GradientBoostingClassifier(random_state=123).fit(train_X, train_y)
```

6.1.4 模型评估

（1）使用构建的机器学习模型对测试集进行预测。预测函数为 predict_proba()；

（2）使用 AUC 指标评估模型效果。

参考代码如下：

```
# 使用 predict_proba() 输出预测概率
cart_predict = cartModel.predict_proba(test_X)[:, 1]
rf_predict = rfModel.predict_proba(test_X)[:, 1]
gbm_predict = gbmModel.predict_proba(test_X)[:, 1]
# 使用 AUC 指标评估模型效果
from sklearn import metrics
```

```
cart_auc = metrics.roc_auc_score(test_y, cart_predict)
rf_auc = metrics.roc_auc_score(test_y, rf_predict)
gbm_auc = metrics.roc_auc_score(test_y, gbm_predict)
print("决策树模型对测试集的预测效果：AUC=%4f" % cart_auc)
print("随机森林模型对测试集的预测效果：AUC=%4f" % rf_auc)
print("GBM 模型对测试集的预测效果：AUC=%4f" % gbm_auc)
```

输出结果：

```
决策树模型对测试集的预测效果：AUC=0.530010
随机森林模型对测试集的预测效果：AUC=0.659029
GBM 模型对测试集的预测效果：AUC=0.716836
```

从 AUC 指标来看，GBM 模型的预测效果最好，随机森林模型次之，决策树模型的预测效果最差。

为方便后续使用，可保存特征工程后的数据集，代码如下：

```
train_2.to_csv('./data/Credit/train_process.csv', index=None)
test_2.to_csv('./data/Credit/test_process.csv', index=None)
```

6.1.5 小结

本次练习介绍了信用违约分类建模的基本流程，在数据准备过程中分析了分类型变量与预测变量的关系，以及数值型变量之间的相关性。在特征工程环节，对缺失值进行填充，并对分类型特征做独热编码转换。整理好数据之后，练习了决策树、随机森林、GBM 模型的构建，并通过 AUC 指标评估模型效果。

后续练习中可以对上述不平衡的样本进行处理，来提升分类模型的预测效果。

任务 2　实战：处理不平衡样本来优化模型

不平衡样本处理

练习目的

任务 1 中使用决策树、随机森林、GBM 三个模型来预测信用卡客户的逾期情况。从预测目标 GB.Indicator 的分布来看，其多数类样本的数量远远多于少数类样本的数量。样本分布极度不平衡会使得模型过多关注多数类样本，对少数类样本的分类效能下降。而关于信用卡用户的逾期问题，业务上会更加关注少数类样本的预测准确性。因此，有必要对不平衡的样本做特殊处理。本次任务的练习内容：

- 对样本进行欠采样。
- 对样本进行过采样。
- 使用 SMOTE 算法进行采样。
- 练习使用随机森林对采样后的样本建立分类模型。

6.2.1 数据准备

本次练习使用的数据集包括数据文件 train_process.csv 和 test_process.csv。两个数据集是

任务 1 加工后得到的数据集，已经进行了缺失值的填充和分类型特征的独热编码转换。

目标变量为 GB.Indicator，其余变量为特征变量。

1．读取训练数据和测试数据

读取 train_process.csv 和 test_process.csv，观察预测目标 GB.Indicator 的分布情况。参考代码如下：

```
import pandas as pd
train = pd.read_csv("./data/Credit/train_process.csv")
test = pd.read_csv("./data/Credit/test_process.csv")
train['GB.Indicator'].value_counts()
0    26000
1     1903
Name: GB.Indicator, dtype: int64
```

2．对训练数据进行欠采样

（1）使用 sample()函数对多数类样本进行欠采样；

（2）采样后，多数类样本的数量与少数类样本数量相同；

（3）划分出目标变量和特征变量。

参考代码如下：

```
# 找出多数类样本和少数类样本
train_label_0 = train[train['GB.Indicator'] == 0]
train_label_1 = train[train['GB.Indicator'] == 1]
n_label_1 = train_label_1.shape[0]
# 对多数类样本进行随机欠采样
sampled_label_0 = train_label_0.sample(n=n_label_1, random_state=1)
# 合并少数类和欠采样后的多数类样本
train_undersampled = pd.concat([train_label_1, sampled_label_0], axis=0,
sort=False).reset_index(drop=True)
train_undersampled['GB.Indicator'].value_counts()
# 划分出目标变量和特征变量
y_undersampled = train_undersampled['GB.Indicator']
X_undersampled = train_undersampled[train_undersampled.columns.difference
(['GB.Indicator'])]
y_undersampled.value_counts()
```

输出结果：

```
1    1903
0    1903
Name: GB.Indicator, dtype: int64
```

3．对训练数据进行过采样

（1）使用 RandomOverSampler()函数对少数类样本进行过采样；

（2）采样后，少数类样本的数量与多数类样本的数量相同；

（3）划分出目标变量和特征变量。

参考代码如下：

```
from imblearn.over_sampling import RandomOverSampler
# 进行随机过采样
train_y = train['GB.Indicator']
train_X = train[train.columns.difference(['GB.Indicator'])]
ros = RandomOverSampler(sampling_strategy = 1, random_state=1)
X_oversampled, y_oversampled = ros.fit_resample(train_X, train_y)
y_oversampled.value_counts()
```

输出结果：

```
1    26000
0    26000
Name: GB.Indicator, dtype: int64
```

4．对训练数据进行 SMOTE 采样

（1）使用 SMOTE()函数对样本进行采样；

（2）采样后，少数类样本的数量与多数类样本原数量相同；

（3）划分出目标变量和特征变量。

参考代码如下：

```
from imblearn.over_sampling import SMOTE
smo = SMOTE(random_state=1)
X_smo, y_smo = smo.fit_resample(train_X, train_y)
y_smo.value_counts()
```

输出结果：

```
1    26000
0    26000
Name: GB.Indicator, dtype: int64
```

5．使用随机森林模型对采样后的数据进行建模并评估预测效果

参考代码如下：

```
from sklearn.ensemble import RandomForestClassifier
# 建模
underModel = RandomForestClassifier(random_state=123).fit(X_undersampled,
y_undersampled)
overModel = RandomForestClassifier(random_state=123).fit(X_oversampled,
y_oversampled)
smoModel = RandomForestClassifier(random_state=123).fit(X_smo, y_smo)
# 划分测试数据
test_y = test['GB.Indicator']
test_X = test[test.columns.difference(['GB.Indicator'])]
```

```
# 模型预测
under_predict = underModel.predict_proba(test_X)[:, 1]
over_predict = overModel.predict_proba(test_X)[:, 1]
smo_predict = smoModel.predict_proba(test_X)[:, 1]
# 使用 AUC 指标评估模型效果
from sklearn import metrics
under_auc = metrics.roc_auc_score(test_y, under_predict)
over_auc = metrics.roc_auc_score(test_y, over_predict)
smo_auc = metrics.roc_auc_score(test_y, smo_predict)
print("欠采样后对测试集的预测效果：AUC=%4f" % under_auc)
print("过采样后对测试集的预测效果：AUC=%4f" % over_auc)
print("SMOTE 后对测试集的预测效果：AUC=%4f" % smo_auc)
```

输出结果：

```
欠采样后对测试集的预测效果：AUC=0.696828
过采样后对测试集的预测效果：AUC=0.661692
SMOTE 后对测试集的预测效果：AUC=0.619383
```

通过对不平衡样本的处理，欠采样处理后的 AUC 最高，相比任务 1 的 AUC 值（0.659029），提升得非常明显；使用过采样处理后，模型效果没有提升；使用 SMOTE 采样后，模型效果反而下降了。

6.2.2 小结

本次练习通过欠采样、过采样和 SMOTE 算法来处理不平衡样本，以提升模型的预测效果。

项目 7

社交媒体评论分类预测

项目目标

知识目标

- 熟悉机器学习分类建模的基本流程；
- 熟悉 TSNE、LDA 降维操作及 TSNE 可视化。

能力目标

- 能够使用机器学习模型完成社交媒体评论分类预测；
- 能够运用多种文本特征提取方法来优化模型效果。

素质目标

通过机器学习分类模型在文本数据上的迁移，培养学生的创新思维、应用能力和探索精神。

任务 1 社交媒体评论分类建模

社交媒体评论分类建模

练习目的

- 在机器学习项目的实战流程基础上，练习基于文本数据的机器学习建模；
- 掌握文本的常见特征抽取方法；
- 加强对机器学习实战流程的熟练程度。

7.1.1 问题定义

文本分类（Text Classification）是自然语言处理领域中非常经典的问题，相关研究最早可以追溯到20世纪50年代，最早通过专家规则（Pattern）进行分类，诸如使用一系列正则表达式召回匹配的模式，甚至在 20 世纪 80 年代初一度发展到利用知识工程建立专家系统，这样的工作非常耗费人力且需要经验比较丰富的专家，通常的方法也无法泛化。伴随着统计学习方法的发展，特别是 20 世纪 90 年代后互联网在线文本数量的增长和机器学习学科的兴起，文本分类问题与一般的二元分类问题一样，使用有监督学习，通过特征工程与分类器的基本流程来解决。

本次文本分类实战中将建立文本分类模型，将来自社交媒体评论的数据分为正常文本或恶意文本（如辱骂等）。本次练习提供了一个有 1000 条手工标记数据的数据集（来源是 Kaggle 的 Toxic Comment Classification 竞赛，转换为二元分类的数据），使用经典的自然语言处理方法，即词袋模型，并使用逻辑回归算法训练二元分类模型，使用 AUC 指标评估模型。

7.1.2 数据准备

基于 2.1.2 节的学习，该阶段的目标主要是通过对数据的预览和理解，准备可用于机器学习算法训练的数据集。

comments.tsv 包含 1000 条已标注的文本数据，类别标签包含正常文本和有恶意行为的文本，需要自行划分训练集和验证集，其中，类别标签为 should_ban，评论的文本字段为 comment_text。

1．数据读取和查看

（1）使用 pandas 模块中 read_csv()函数载入 comments.tsv 文件的数据。

（2）提取 comment_text 的内容到 texts 变量，提取 should_ban 的内容到 target 变量，可使用 data[].values 实现字段内容的获取。

（3）使用 Notebook 预览 5 条数据。

说 明

（1）comments.tsv 文件位于./data/social_media/目录下。

（2）TSV 格式的文件在读取时可使用'\t'分隔符进行分列处理。

参考代码如下：

```
import pandas as pd
data = pd.read_csv("./data/social_media/comments.tsv", sep='\t')
texts = data['comment_text'].values
target = data['should_ban'].values
data[50::200]
```

输出结果：

```
      should_ban    comment_text
50    0         "Those who're in advantageous positions are th...
250   1         Fartsalot56 says f**k you motherclucker!!
450   1         Are you a fool? \n\nI am sorry, but you seem t...
650   1         I AM NOT A VANDAL!!!!!!!!!!!!!!!!!!!!!!!!!!!!!!
850   0         Citing sources\n\nCheck out the Wikipedia:Citi...
```

数据准备可以建立对于数据的直观理解，如文本的基本样式，标注的正、负样本含义等。从数据预览结果可见：

（1）目标变量是用 0 和 1 标识的分类型数据，1 代表恶意文本，0 代表正常文本。

（2）comment_text 字段由原始文本组成，无法作为特征变量直接建模，需要进一步转换。

2. 查看数据分布

（1）使用直方图查看文本的长度分布，以及文本的单词数分布。

（2）使用直方图查看正、负样本的分布。

说 明

（1）查看数据的长度、数量分布可以加深对数据的理解，尤其是在建模阶段，如果文本过长，那么可能需要截断操作。

（2）英文的原始文本的分隔符号是空格，统计文本长度可以使用 len(text)，统计单词数分布可以使用 len(text.split())。执行函数计算时，可以使用 data['comment_text'].apply(lambda x:func(x)) 的方式做高效的数据按行处理。

（3）直方图可使用 hist()函数实现。

参考代码如下：

```
from matplotlib import pyplot as plt
%matplotlib inline
data['comment_text'].apply(lambda x:len(x)).hist()
```

输出结果：原始样本的文本长度统计柱状图如图 7.1 所示。

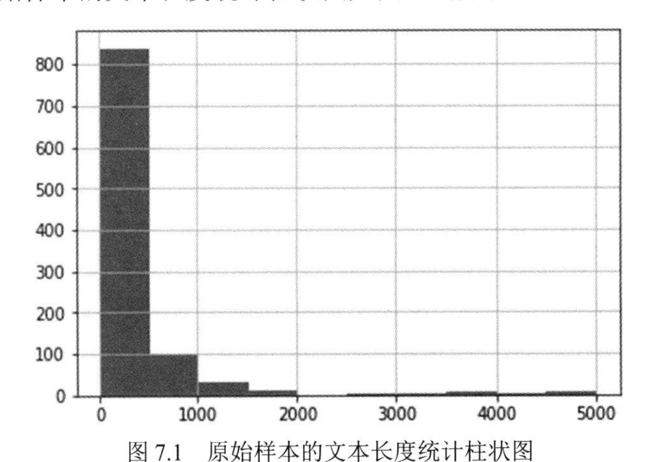

图 7.1　原始样本的文本长度统计柱状图

参考代码如下：

```
data['comment_text'].apply(lambda x:len(x.split())).hist()
```

输出结果：原始样本的单词数统计柱状图如图 7.2 所示。

参考代码如下：

```
data['should_ban'].hist()
```

输出结果：样本中的两类文本样本数量统计柱状图如图 7.3 所示。

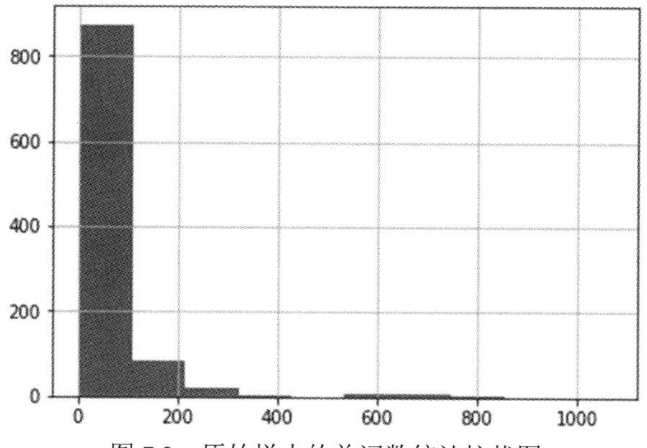

图 7.2　原始样本的单词数统计柱状图

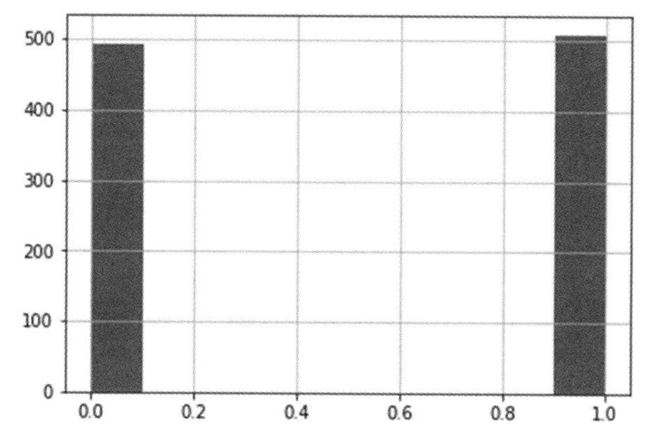

图 7.3　样本中的两类文本样本数量统计柱状图

通过上面代码输出的图 7.1～图 7.3 可以观察到大部分的文本长度都集中在 0～1000，少数为 5000；大部分的单词数集中在 0～200，少数为 1000。正、负样本比例大致平衡，不需要进行平衡性处理。

3．分词

（1）划分训练数据和测试数据。

（2）使用 NLTK 自然语言处理工具来学习分词操作。

sklearn 模块中提供了 model_selection.train_test_split()函数可以进行数据集划分，分别用 texts_train、texts_test、y_train、y_test 四个变量来接收。test_size=0.5 的参数设置代表了期望分割的验证集样本量占分割前数据集的 50%，random_state=42 的参数设置是为了确保随机抽样的结果可以复现。

NLTK（全称是 Natural Language Tool Kit）是一套基于 Python 的自然语言处理工具箱，本次练习中主要使用它来完成分词操作，其他 NLTK 的功能介绍可以参考官网文档。本次练习的评论文本中包含带标点符号的原始文本、大写/小写字母、换行符号，我们将使用 nltk.tokenize 模块中 TweetTokenizer 方法中的 tokenize()函数来实现后续的分词工作。

```
    from sklearn.model_selection import train_test_split
    texts_train, texts_test, y_train, y_test = train_test_split(texts, target,
test_size=0.5, random_state=42)
```

注 意

对数据进行任何操作之前必须将数据拆分为训练集和验证集。

在处理数据前进行数据拆分，可以防止在预处理阶段出现数据泄露（Leak）。例如，如果决定选择恶意评论中单词的比率（恶意率）作为特征，那么应该只利用验证集上的单词。否则模型会获取到标签信息，从而在训练集上过拟合。

参考代码如下：

```
from nltk.tokenize import TweetTokenizer
tokenizer = TweetTokenizer()
preprocess = lambda text: ' '.join(tokenizer.tokenize(text.lower()))
text = 'How to be a grown-up at work: replace "fuck you" with "Ok,
great!".'
print("分词前:", text,)
print("分词后:", preprocess(text),)
```

输出结果：

```
分词前：How to be a grown-up at work: replace "fuck you" with "Ok, great!".
分词后：how to be a grown-up at work : replace " fuck you " with " ok , great ! " .
```

处理文本 texts_train、texts_test 的分词，代码如下：

```
texts_train = [preprocess(i) for i in texts_train]
texts_test = [preprocess(i) for i in texts_test]
#此处为检查代码，答案不对会报错
assert texts_train[5] ==  'who cares anymore . they attack with impunity .'
assert texts_test[89] == 'hey todds ! quick q ? why are you so gay'
assert len(texts_test) == len(y_test)
```

分词是自然语言处理的基本操作，也是后续特征抽取的基础。使用 NLTK 等成熟的分词工具可以较好地处理标点符号，相较于用基本的空格分词更精细。

4．词袋模型

（1）使用 sklearn 提供的 CountVectorizer 完成词袋（Bag-of-words，BOW）模型特征的训练。

（2）使用词袋模型分别转换 texts_train、texts_test 数据集来抽取特征。

说 明

文本特征抽取的一种传统方法是使用词袋模型，其基本流程：

（1）建立词汇表（一般仅用训练数据），词汇表的大小是超参数，会影响性能；

（2）对于每个训练样本，计算单词出现在其中的次数；

（3）将此计数视为后续建模的特征；

（4）sklearn 中的 CountVectorizer 方法遵循 Estimator 对象的设计，可以使用 fit()函数进

行模型训练，使用 transform()函数实现特征计算。

词袋模型最初用于文本分类，将文档表示成特征矢量。它的基本思想是对于一个文本，忽略其词序、语法、句法，仅将其看作一些词汇的集合，而文本中的每个词汇都是独立的。将每条文本都看成一个袋子（因为里面装的都是词汇，所以称为词袋），对袋子里的词汇进行分类。如果文本中猪、马、牛、羊、山谷、土地、拖拉机这类的词汇多，而银行、大厦、汽车、公园这类的词汇少，那么就倾向于判断它是描绘乡村的文本，而不是描述城镇的。例如，有以下两条文本。

文本一：Bob likes to play basketball, Jim likes too.

文本二：Bob also likes to play football games.

基于这两条文本，构建一个词典，参考代码如下：

```
Dictionary = {1:" Bob" , 2. "like" , 3. "to" , 4. "play" , 5. "basketball" ,
6. "also" , 7. "football", 8. "games" , 9. "Jim" , 10. "too" }。
```

该词典一共包含 10 个不同的单词，利用词典的索引号，上面两条文本可以用以下 10 维向量表示，用整数数字 0～*n*（*n* 为正整数）表示某个单词在每条文本中出现的次数。

```
1: [1, 2, 1, 1, 1, 0, 0, 0, 1, 1]
2: [1, 1, 1, 1 ,0, 1, 1, 1, 0, 0]
```

参考代码如下：

```
from sklearn.feature_extraction.text import CountVectorizer
vectorizer = CountVectorizer(min_df=1)
vectorizer.fit(texts_train)
CountVectorizer(analyzer='word', binary=False, decode_error='strict',
        dtype=<class 'numpy.int64'>, encoding='utf-8', input='content',
        lowercase=True, max_df=1.0, max_features=None, min_df=1,
        ngram_range=(1, 1), preprocessor=None, stop_words=None,
        strip_accents=None, token_pattern='(?u)\\b\\w\\w+\\b',
        tokenizer=None, vocabulary=None)
X_train_bow = vectorizer.transform(texts_train)
X_test_bow= vectorizer.transform(texts_test)
```

通过词袋模型的方法从文本中抽取了可用于机器学习的特征，至此就完成了训练集、测试集的数据准备工作，可以进行后续的模型训练和预测与模型评估。

7.1.3 模型训练

首先使用逻辑回归算法训练分类模型，基于训练集 X_train_bow、y_train。然后使用模型对 X_test_bow 进行预测，得到模型预测结果 y_predict。参考代码如下：

```
from sklearn.linear_model import LogisticRegression
bow_model = LogisticRegression().fit(X_train_bow, y_train)
y_predict = bow_model.predict_proba(X_test_bow)[:, 1]
```

7.1.4 模型评估

计算 AUC：分别计算模型对于训练集、测试集的预测效果的评估指标 AUC，可使用 sklearn.metrics 中的 roc_auc_score 方法实现。

绘制 AUC 曲线：在同一坐标图上分别绘制训练集和测试集上的 ROC 曲线，可使用 sklearn.metrics 中的 roc_curve()函数实现坐标点的计算。参考代码如下：

```
from sklearn.metrics import roc_auc_score, roc_curve
for name, X, y, model in [
    ('train', X_train_bow, y_train, bow_model),
    ('test ', X_test_bow, y_test, bow_model)
]:
    proba = model.predict_proba(X)[:, 1] #建议在等号右边填空
    auc = roc_auc_score(y, proba) #建议在等号右边填空
    plt.plot(*roc_curve(y, proba)[:2], label='%s AUC=%.4f' % (name, auc))
plt.plot([0, 1], [0, 1], '--', color='black',)
plt.legend(fontsize='large')
plt.grid()
```

模型效果评估 ROC 曲线图如图 7.4 所示。

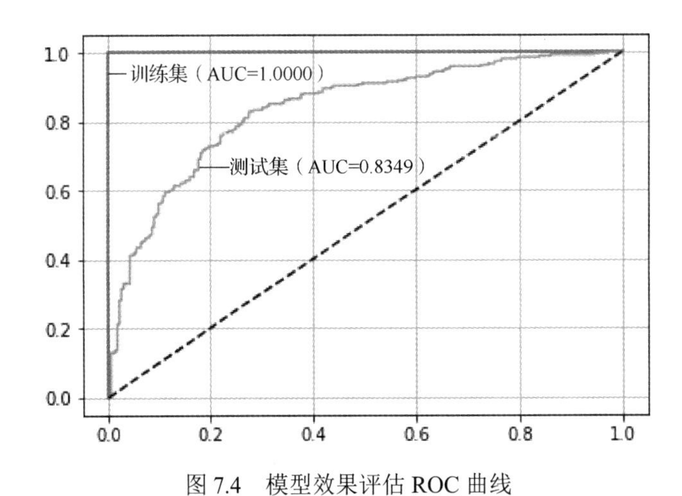

图 7.4 模型效果评估 ROC 曲线

7.1.5 小结

本次练习介绍了预测分类建模的基本流程：问题定义、数据准备、模型训练、模型评估。

使用逻辑回归算法得到的第一个文本分类模型，测试集的 AUC 值约为 83.49%。

如何进一步优化模型的预测能力？接下来将介绍使用词云、TSNE 等可视化方法进行文本数据的探索性分析，并使用词向量和 TI-IDF 特征抽取方法进一步优化模型。

任务 2 实战：使用不同文本特征提取方法来优化模型

练习目的

数据降维操作

- 掌握自然语言处理中常见的词云分析及可视化的方法；
- 掌握针对文本的其他两种特征工程方法，分别使用 TF-IDF 和词向量来建立特征表示；
- 掌握针对稀疏特征的降维方法和可视化方法；
- 对比不同特征工程方法带来的模型效果的提升。

练习内容

- 使用 Python 的 yellowtext 创建词云；
- 使用 TF-IDF 和词向量方法来建立特征表示；
- 使用降维方法来创建特征，掌握 TSNE 可视化方法、LDA 降维方法。

7.2.1 问题定义

本次文本分类实战将建立文本分类模型，将来自社交媒体评论的数据分为正常文本和恶意文本（如辱骂等）。本次练习提供了一个有 1000 条手工标记数据的数据集（来源是 Kaggle 的 Toxic Comment Classification 竞赛，转换为二元分类的数据），将分别使用 TF-IDF 和词向量的方法构建模型特征，并使用逻辑回归算法训练二元分类模型，使用 AUC 指标对模型进行评估。

7.2.2 数据准备

本次练习使用的数据集 comments.tsv，包含 1000 条已标注的文本数据，类别标签包含正常文本和恶意文本，需要自行划分出训练集和验证集，其中类别标签为 should_ban，评论的文本字段为 comment_text。

1．数据读取和查看

（1）使用 pandas 模块中 read_csv()函数载入 comments.tsv 文件数据，提取 comment_text 的内容到 texts 变量，提取 should_ban 到 target 变量。

（2）使用 WordCloud 工具中的 wordcloud 方法建立词云，并将其可视化。

comments.tsv 文件位于./data/social_media 目录下。

参考代码如下：

```
import pandas as pd
data = pd.read_csv("./data/social_media/comments.tsv", sep='\t')
texts = data['comment_text'].values
```

```
target = data['should_ban'].values
from wordcloud import WordCloud
from matplotlib import pyplot as plt
%matplotlib inline
def cloud(text, title, size = (10,7)):
    """
    输入是文本 list，图片标题
    """
    wordcloud = WordCloud(width=800, height=400,
                          collocations=False
                         ).generate(" ".join(text))
    fig = plt.figure(figsize=size, dpi=80, facecolor='k',edgecolor='k')
    plt.imshow(wordcloud,interpolation='bilinear')
    plt.axis('off')
    plt.title(title, fontsize=25,color='w')
    plt.tight_layout(pad=0)
    plt.show()
cloud(texts, "word cloud of comments")
```

词云是可视化分析的基本工具，有助于直观理解数据，正常与恶意文本的词云图如图 7.5 所示，辱骂相关的单词占比很高。

图 7.5　正常与恶意文本的词云图

2．分词

（1）划分训练数据和测试数据。

（2）使用 NLTK 自然语言处理工具学习分词操作。

分别用 texts_train、texts_test、y_train、y_test 四个变量来接收。test_size=0.5 的参数设置

代表期望分割的验证集样本量占分割前数据集的 50%，random_state=42 的参数设置为了确保随机抽样的结果可以复现。参考代码如下：

```
    from sklearn.model_selection import train_test_split
    texts_train, texts_test, y_train, y_test = train_test_split(texts, target,
test_size=0.5, random_state=42)
    from nltk.tokenize import TweetTokenizer
    tokenizer = TweetTokenizer()
    preprocess = lambda text: ' '.join(tokenizer.tokenize(text.lower()))
    texts_train = [preprocess(i) for i in texts_train]
    texts_test = [preprocess(i) for i in texts_test]

    assert texts_train[5] ==  'who cares anymore . they attack with impunity .'
    assert texts_test[89] == 'hey todds ! quick q ? why are you so gay'
    assert len(texts_test) == len(y_test)
```

3. TF-IDF 特征抽取

使用 sklearn 提供的 TfidfVectorizer 方法完成 TF-IDF 特征的抽取。TfidfVectorizer 方法的使用遵循 Estimator 对象的设计，可以使用 fit()函数进行模型训练，使用 transform()函数实现特征计算。

说 明

TF-IDF（Term Frequency-Inverse Document Frequency，词频-逆文档频率）的具体介绍见项目 3。

参考代码如下：

```
    from sklearn.feature_extraction.text import TfidfVectorizer
    vectorizer = TfidfVectorizer(min_df=1)
    vectorizer.fit(texts_train)
```

输出结果：

```
    TfidfVectorizer(analyzer='word', binary=False, decode_error='strict',
            dtype=<class 'numpy.float64'>, encoding='utf-8', input='content',
            lowercase=True, max_df=1.0, max_features=None, min_df=1,
            ngram_range=(1, 1), norm='l2', preprocessor=None, smooth_idf=True,
            stop_words=None, strip_accents=None, sublinear_tf=False,
            token_pattern='(?u)\\b\\w\\w+\\b', tokenizer=None, use_idf=True,
            vocabulary=None)
```

使用训练后的 TF-IDF 模型进行特征计算，代码如下：

```
    X_train_tfidf = vectorizer.transform(texts_train)
    X_test_tfidf = vectorizer.transform(texts_test)
```

7.2.3 基于 TF-IDF 特征的模型训练与评估

1. 模型训练

首先基于 TF-IDF 方法得到的特征数据集，使用逻辑回归算法训练二元分类模型。然后使用分类模型对 X_test_tfidf 数据进行预测。参考代码如下：

```
from sklearn.linear_model import LogisticRegression
tfidf_model = LogisticRegression().fit(X_train_tfidf, y_train)
y_predict = tfidf_model.predict_proba(X_test_tfidf)[:, 1]
```

2. 模型评估

计算 AUC：分别计算上述任务模型对于训练集、测试集的预测效果的评估指标 AUC，可使用 sklearn.metrics 中的 roc_auc_score 方法实现。

绘制 ROC 曲线：在同一坐标图上分别绘制训练集和测试集上的 ROC 曲线，可使用 sklearn.metrics 中的 roc_curve 方法实现坐标点的计算。

参考代码如下：

```
from sklearn.metrics import roc_auc_score, roc_curve
for name, X, y, model in [
    ('train', X_train_tfidf, y_train, tfidf_model),
    ('test ', X_test_tfidf, y_test, tfidf_model)
]:
    proba = model.predict_proba(X)[:, 1]
    auc = roc_auc_score(y, proba)
    plt.plot(*roc_curve(y, proba)[:2], label='%s AUC=%.4f' % (name, auc))
plt.plot([0, 1], [0, 1], '--', color='black',)
plt.legend(fontsize='large')
plt.grid()
plt.show()
```

模型评估结果如图 7.6 所示，TF-IDF 特征比任务 1 使用的词袋模型特征的预测效果更佳，AUC 值提高了 3%左右，这与实战的经验相符。通常来讲，基于 TF-IDF 的特征比基于词频的词袋模型更能全面描述文本的特点。

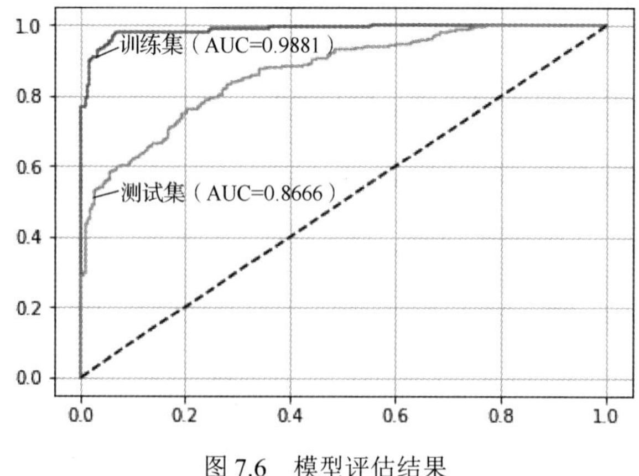

图 7.6 模型评估结果

7.2.4　TSNE、LDA 降维操作及 TSNE 可视化

机器学习领域中的降维是指采用某种映射方法，将原始的高维度空间中的数据点映射到低维度的空间中。降维的本质是学习一个映射函数 $f: x \to y$，其中 x 是原始数据点的表达，目前使用最多的是向量表达形式。y 是数据点映射后的低维向量表达，通常 y 的维度小于 x 的维度。f 可能是显式的或隐式的、线性的或非线性的。目前大部分的降维算法用于处理向量表达的数据，也有一些降维算法用于处理高阶张量表达的数据。使用降维后的数据表示是因为在原始的高维空间中包含冗余信息及噪声信息，在实际应用（如图像识别）中造成了误差，降低了准确率。而通过降维能够减少冗余信息造成的误差，提高识别（或其他应用）的精度，也可以通过降维算法来寻找数据内部的本质结构特征。本节将分别介绍 TSNE 及 LDA 两种降维操作。

操作 1：使用 yellowbrick 提供的 TSNEVisualizer 方法完成降维及可视化展示，代码如下：

```
from yellowbrick.text import TSNEVisualizer
plt.figure(figsize = [15,9])
tsne = TSNEVisualizer()
tsne.fit(X_train_tfidf, y_train)
tsne.poof()
```

输出结果：使用 TSNE 降维后 500 篇样本文档分布图如图 7.7 所示。

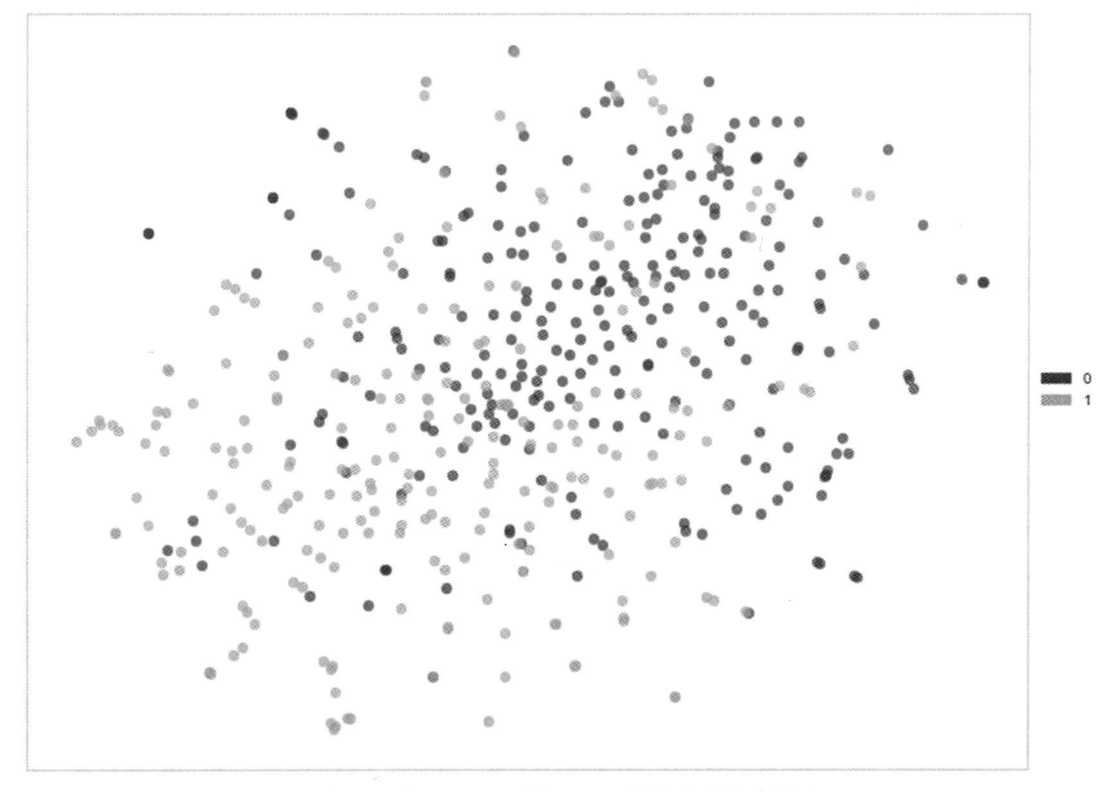

图 7.7　使用 TSNE 降维后 500 篇样本文档分布图

TSNE（T-distributed Stochastic Neighbor Embedding）是用于降维的一种机器学习算法，由Laurens van der Maaten 和 Geoffrey Hinton 在 2008 年提出。此外，TSNE 是一种非线性降维算法，可以将高维数据降维到 2 维或 3 维，并进行可视化。

如图 7.7 所示，即使特征被映射到 2 维，也存在较为明显的分类面，有助于直观理解分类问题的可行性。

操作 2：使用 LDA（Latent Dirichlet Allocation）完成文本的降维操作，基于 TF-IDF 进行特征降维后用于模型训练。

LDA 作为一种主题模型，其含义是通过降维操作将词-文档矩阵分解为词-主题矩阵和主题-文档矩阵，可以表示为

$$P(\text{词} \mid \text{文档}) = P(\text{词} \mid \text{主题}) \times P(\text{主题} \mid \text{文档})$$

其中，主题的维度是模型设置的超参数，需要人为定义，本次练习主要学习使用 sklearn 提供的接口来实现。LDA 方法可以使用 sklearn.decomposition 模块中提供的 LatentDirichletAllocation 方法实现。该方法的使用遵循 Estimator 对象的设计，可以使用 fit()函数进行主题模型训练，使用 transform()函数实现特征降维转换。

参考代码如下：

```
# 使用 LDA 方法进行特征降维
from sklearn.decomposition import LatentDirichletAllocation
lda = LatentDirichletAllocation(n_components=30, max_iter=50)
lda.fit(X_train_tfidf)
X_train_lda = lda.transform(X_train_tfidf)
X_test_lda = lda.transform(X_test_tfidf)
```

7.2.5 基于 LDA 方法对 TF-IDF 特征降维处理后的模型训练与评估

1. 模型训练

（1）基于 LDA 降维后的特征数据集，使用逻辑回归算法训练二元分类模型。

（2）使用分类模型对 X_test_lda 数据进行预测。

参考代码如下：

```
tfidf_lda = LogisticRegression().fit(X_train_lda, y_train)
y_predict = tfidf_lda.predict_proba(X_test_lda)[:, 1]
```

2. 模型评估

（1）分别计算上述任务模型对于训练集、测试集的预测效果的评估指标 AUC，可使用 sklearn.metrics 中的 roc_auc_score()函数实现。

（2）在同一坐标图上分别绘制训练集和测试集上的 ROC 曲线，可使用 sklearn.metrics 中的 roc_curve()函数实现坐标点的计算。

参考代码如下：

```
for name, X, y, model in [
    ('train', X_train_lda, y_train, tfidf_lda),
    ('test ', X_test_lda, y_test, tfidf_lda)
```

```
]:
    proba = model.predict_proba(X)[:, 1]
    auc = roc_auc_score(y, proba)
    plt.plot(*roc_curve(y, proba)[:2], label='%s AUC=%.4f' % (name, auc))
plt.plot([0, 1], [0, 1], '--', color='black',)
plt.legend(fontsize='large')
plt.grid()
plt.show()
```

输出结果：LDA 降维后的模型效果 ROC 曲线图如图 7.8 所示。

降维操作会带来信息的损失，因此当训练数据集的数据量较少时，造成的信息损失会带来性能的下降，如图 7.8 所示，LDA 降维后的模型效果下降明显。但是当数据维度特别高的时候，降维是一种提升分类器效率的常用方法。

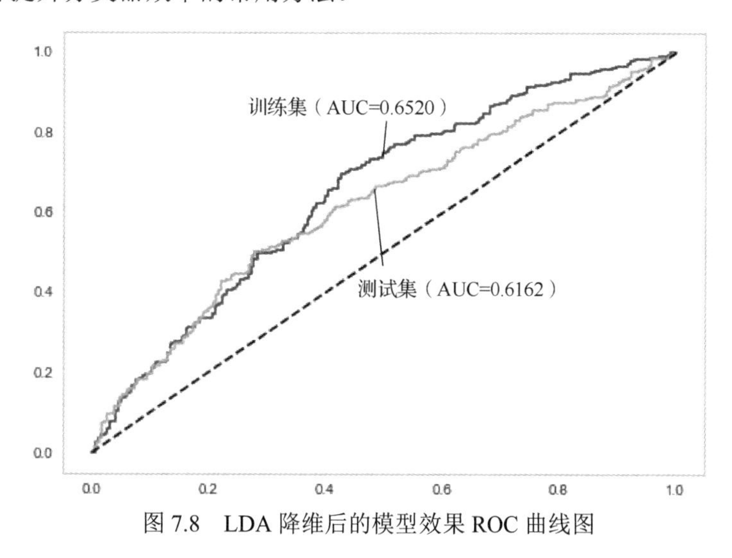

图 7.8 LDA 降维后的模型效果 ROC 曲线图

7.2.6 基于词向量方法的模型训练与评估

1. 特征构建

词向量（Word Embedding）是指将词转换成分布式表示。分布式表示是指将词表示成一个定长的连续的稠密向量。

分布式表示有很多优点，如词间存在相似关系、线性关系等，词间存在“距离”概念，这对很多自然语言处理的任务非常有帮助。

常见的词向量算法主要有 Word2vec、GloVe、FastText 等。本次练习将采用 GloVe 算法中一个较小的预训练词向量 glove.twitter.27B.50d.txt.w2v 来预训练模型。

Gensim 是非常常用的英文自然语言处理工具包，集成了基本的分词、词性解析、句法分析、词向量、主题模型等常用的自然语言处理工具，我们使用 Gensim 来载入预训练的词向量作为文本特征。参考代码如下：

```
import gensim
embeddings = gensim.models.KeyedVectors.load_word2vec_format
('./data/social_media/glove.twitter.27B.50d.txt.w2v', binary=False)
```

```
def vectorize_sum(comment):
    """
    实现基于词向量特征的求和，跳过没有在预训练词向量中出现的词
    """
    embedding_dim = embeddings.vectors.shape[1]
    features = np.zeros([embedding_dim], dtype='float32')

    for i in tokenizer.tokenize(comment):
        if i in embeddings.index_to_key:
            features += embeddings[i] #建议填空
    return features
```

2．模型训练与评估

（1）基于词向量的特征数据集，使用逻辑回归算法训练二元分类模型。

（2）分别计算上述任务模型对于训练集、测试集的预测效果的评估指标 AUC，可使用 sklearn.metrics 中的 roc_auc_score()函数实现。

（3）分别在同一坐标图上绘制训练集和测试集上的 ROC 曲线，可使用 sklearn.metrics 中的 roc_curve()函数实现坐标点的计算。

参考代码如下：

```
from sklearn.linear_model import LogisticRegression
from sklearn.metrics import roc_auc_score, roc_curve
wv_model = LogisticRegression().fit(X_train_wv, y_train)
for name, X, y, model in [
    ('vec train', X_train_wv, y_train, wv_model),
    ('vec test ', X_test_wv, y_test, wv_model)
]:
    proba = model.predict_proba(X)[:, 1]
    auc = roc_auc_score(y, proba)
    plt.plot(*roc_curve(y, proba)[:2], label='%s AUC=%.4f' % (name, auc))
plt.plot([0, 1], [0, 1], '--', color='black',)
plt.legend(fontsize='large')
plt.grid()
```

输出结果：使用词向量方法构建的模型效果 ROC 曲线图如图 7.9 所示。

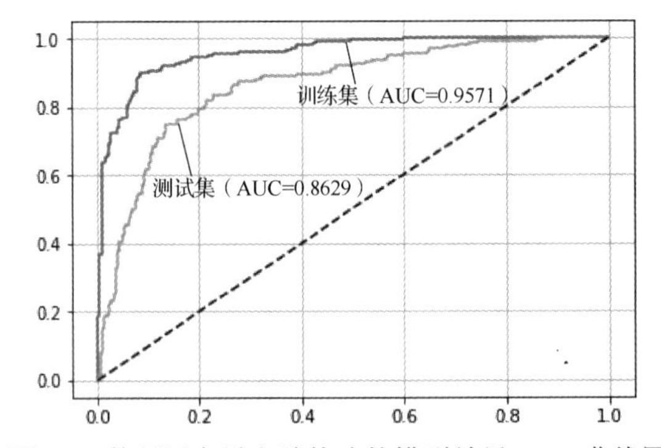

图 7.9　使用词向量方法构建的模型效果 ROC 曲线图

词向量作为一种无监督的学习方法，具有大量的先验知识，能有效提升模型效果，如图 7.9 所示，测试集的 AUC 值约为 86.29%，较之前方法进一步提高。

7.2.7 小结

本次练习介绍了词云的构建方法、LDA 降维、TSNE 降维及可视化，掌握了 TF-IDF 方法和词向量方法对文本特征的抽取操作。通过模型训练和评估发现，TF-IDF 和词向量方法能够显著提升模型效果。相较于任务 1 的词袋特征抽取方法，TF-IDF 方法的 AUC 指标提高了近 3%，词向量方法的 AUC 指标提高了近 3%。

项目 8

共享单车用量需求回归预测

项目目标

知识目标

- 熟悉机器学习的回归建模的基本流程；
- 掌握回归模型的训练与评估方法。

能力目标

- 能够基于回归模型，完成共享单车用量需求预测；
- 能够运用特征选择、特征离散化等方法，优化模型效果。

素质目标

通过回归建模的实践，帮助学生养成注重细节、追求卓越、精益求精的工作习惯。

任务 1　共享单车用量需求回归建模

共享单车用量需求回归建模

练习目的

- 进一步熟悉机器学习的实战基本流程；
- 熟悉日期和分类型变量的特征工程方法；
- 掌握回归模型的训练与评估方法。

8.1.1　问题定义

本次练习的业务需求是通过机器学习建模，预测自行车租赁的需求量以便更好地满足用户需求，预测目标是连续数值类型的变量，可以将该问题定义为预测回归建模问题。

对于预测回归建模，本次练习将使用简单的线性回归方法建模，并使用 RMSLE 指标评估预测效果。RMSLE 指标的计算方法在 8.1.4 节有具体介绍。

8.1.2　数据准备

本次练习使用的数据集包括数据文件 train.csv 和 test.csv。

train 数据集是包含了目标变量 count 的数据集，而 test 文件中不包含目标变量，需要用模型预测 count 值。

数据字段说明如下。

（1）datetime：日期与时间。

（2）season：1＝ 春季，2＝ 夏季，3＝ 秋季，4＝ 冬季。

（3）holiday：是否为节假日。

（4）workingday：是否为非节假日。

（5）weather：天气，包括四类：

① 晴朗，少云，多云。

② 雾+多云，雾+碎云，雾+少云，雾。

③ 小雪、小雨+雷雨+散云、小雨+散云。

④ 大雨+冰托盘+雷雨+雾、雪+雾。

（6）temp：温度（摄氏度）。

（7）atemp：体感温度（摄氏度）。

（8）humidity：相对湿度。

（9）windspeed：风速。

（10）casual：临时用户租用数量。

（11）registered：注册用户租用数量。

（12）count：总租用数量。

1．数据读取与目标变量 count 的分析

（1）利用 pandas 模块中的方法读取数据并查看训练数据和测试数据中的缺失值情况及数据字段的类型。

（2）对数据中的目标字段 count 进行分析，观察 count 的类型，初步确定采用的预测策略。

（3）可视化 count 的分布情况，查看数据的分布情况。

（4）查看数据中 object 类型数据的具体形式。

实现上述四项任务的建议流程：

（1）使用 pandas 读取文件，并根据 info 方法得到整体数据的信息，train.csv、test.csv 文件在 ./data/bike/ 目录下。

（2）查看数据中目标变量 count 的分布情况，参考使用 seaborn 的 distplot 方法。

（3）查看数据中字段的情况，可以使用 pandas 的 head()函数。

参考代码如下：

```
import pandas as pd
import matplotlib.pyplot as plt
import seaborn as sns
%matplotlib inline
# 数据的根目录
root_path = './data/bike/'
# 读取训练集和测试集
```

```
train = pd.read_csv(root_path + 'train.csv')
test = pd.read_csv(root_path + 'test.csv')
# 查看测试集的列名
print('test info')
test.info()
print('train info')
# 查看训练集的列名
train.info()

print('count 最小值 {} count 最大值 {}'.format(train['count'].min(),train['count'].
max()))
plt.figure(figsize=(12,8))
sns.distplot(train['count'].values, bins=50, kde=False, color="red")
plt.title("Histogram of count")
plt.xlabel('count', fontsize=12)
plt.show()
#
train.head(3)
```

该部分代码输出结果较多，仅展示可视化输出结果：目标变量 count 的统计直方图如图 8.1 所示。

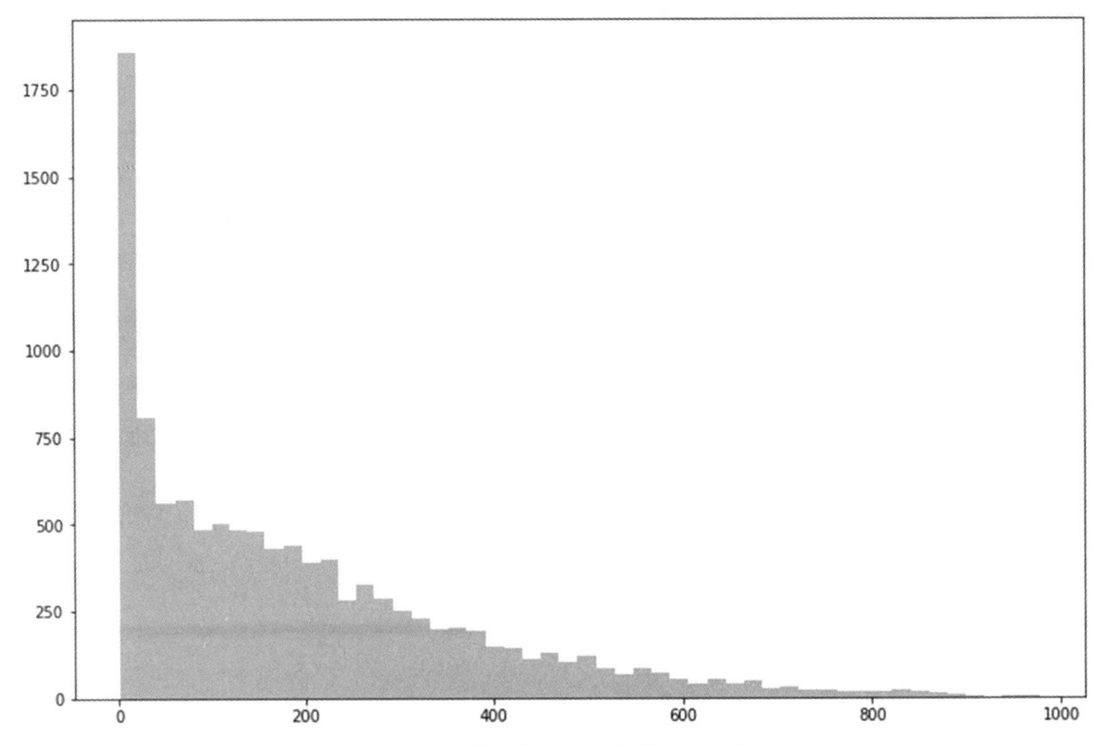

图 8.1　目标变量 count 的统计直方图

从输出结果中可以发现：

（1）训练数据和测试数据无缺失值。

（2）如图 8.1 所示，目标变量 count 属于连续数值类型，其数值范围为 1～977，数值大部分集中在 1～400。

（3）数据字段中为 object 类型的数据仅有 datetime 字段，该字段无法直接用于建模，后续可从中抽取特征建模。

2．时间类型数据的简单处理

在上一任务中发现 datetime 字段为 object 类型，实际含义为日期和时间，这类变量无法直接用于模型的输入，需要对时间类型变量进行如下处理：

（1）可以先使用 pandas 模块提供的时间类型数据的格式转换，再进行特征抽取，如抽取时间字段中的年、月、日、星期、小时等信息。具体函数功能可参考 pandas 官方文档。

（2）回归类型问题往往会出现离群点，离群点可以通过箱线图统计得到，可使用 seaborn 中的 boxplot()函数，绘制不同年、月、日、星期、工作日、节假日等情况下的 count 值分布，分析主要离群值的来源。

参考代码如下：

```
train['datetime'] = pd.to_datetime(train['datetime'],format="%Y-%m-%d %H:%M:%S")

# 抽取星期的特征
train['week_info'] = train['datetime'].dt.weekday
train['month_info'] = train['datetime'].dt.month
train['date_info'] = train['datetime'].dt.date
train['weekofyear_info'] = train['datetime'].dt.weekofyear
train['hour_info'] = train['datetime'].dt.hour
```

绘制目标变量 count 在不同时段的统计分布箱线图，参考代码如下：

```
sns.boxplot(data=train,y="count",x="hour_info",orient="v")
```

输出结果：目标变量 count 在不同时段的统计分布箱线图如图 8.2 所示。

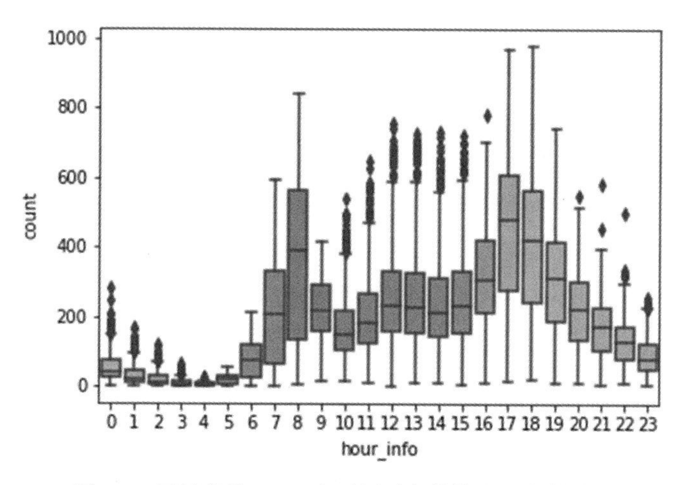

图 8.2　目标变量 count 在不同时段的统计分布箱线图

绘制目标变量 count 在不同月份的统计分布箱线图，参考代码如下：

```
sns.boxplot(data=train,y="count",x="month_info",orient="v")
```

输出结果：目标变量 count 在不同月份的统计分布箱线图如图 8.3 所示。

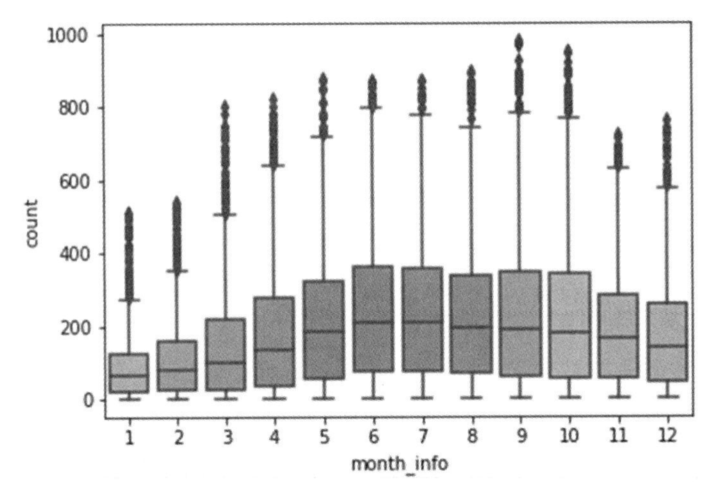

图 8.3　目标变量 count 在不同月份的统计分布箱线图

绘制目标变量 count 在工作日与节假日的统计分布箱线图，参考代码如下：

```
# 0 代表工作日，1 代表节假日
sns.boxplot(data=train,y="count",x="workingday",orient="v")
```

输出结果：目标变量 count 在工作日和节假日的统计分布箱线图如图 8.4 所示。

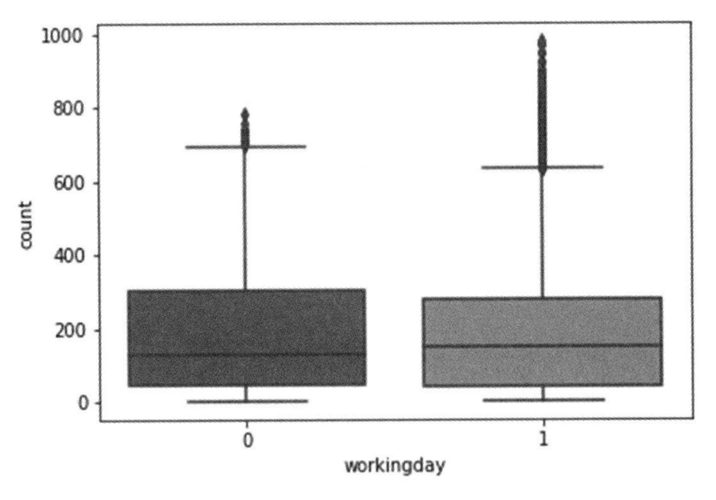

图 8.4　目标变量 count 在工作日和节假日的统计分布箱线图

绘制目标变量 count 在周一到周日的统计分布箱线图，参考代码如下：

```
# 默认 0 是周一，以此类推
sns.boxplot(data=train,y="count",x="week_info",orient="v")
```

输出结果：目标变量 count 在周一到周日的统计分布箱线图如图 8.5 所示。

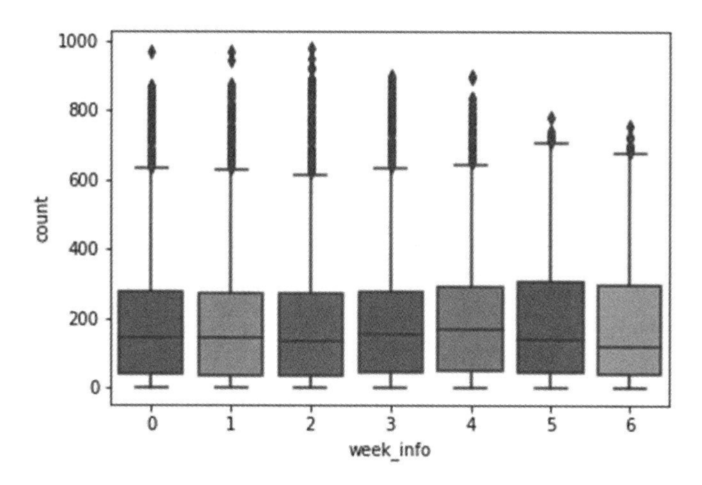

图 8.5　目标变量 count 在周一到周日的统计分布箱线图

结论：

（1）如图 8.2 所示，基于每天内不同小时的分布情况，可以发现 7、8 点与 17、18 点的 count 值较高，且不同时段都存在离散值。

（2）如图 8.3 所示，由于月份与季节相关，可以发现 1、2、3 月（春季）的用车辆低于其他月份，且不同月份的离群点分布较多，都存在某些日期的用车辆大于整月的情况。

（3）如图 8.4 所示，分析工作日与节假日，可以得到结论：离群点主要来自节假日。如图 8.5 所示，分析数据得到结论：在周一至周五期间的节假日会出现大量离群数据。

3．相关性分析

对抽取日期变量后的数据集进行相关性分析，计算相关性矩阵并进行可视化展示。通过 dataframe 的.corr()函数配合 seaborn 中的 heatmap()函数可视化展示变量间的相关性。

参考代码如下：

```
fig,ax= plt.subplots()
fig.set_size_inches(25,15)
sns.heatmap(train.corr(), vmax=.8, square=True,annot=True, cmap='binary_r')
```

输出结果：相关性矩阵热力图如图 8.6 所示。

结论：

（1）通过相关性分析（见图 8.6），除去测试集中不存在的变量，可以发现 hour_info、atemp、temp、humidity 与目标变量呈现出较明显的相关性。

（2）分析不同变量之间的相关性，season 与 month 和 weekofyear 存在强相关，因此在选择变量时，可以尝试删除变量 season 或删除变量 month 和 weekofyear，观察对后续建模的影响。

（3）相关性较强的变量间存在较强的共线性，因此可以考虑删除处理。如 week_info 和 wordkingday 之间存在较强的相关性。

4．分类型变量的转换处理

（1）对当前数据中的分类型变量进行独热编码处理。

（2）需要处理的分类型变量有 season、holiday、workingday、weather、week_info、month_info、weekofyear_info、hour_info。

（3）可使用 pd.get_dummies(train, columns=[])方法，指定需要转换的变量名实现转换。

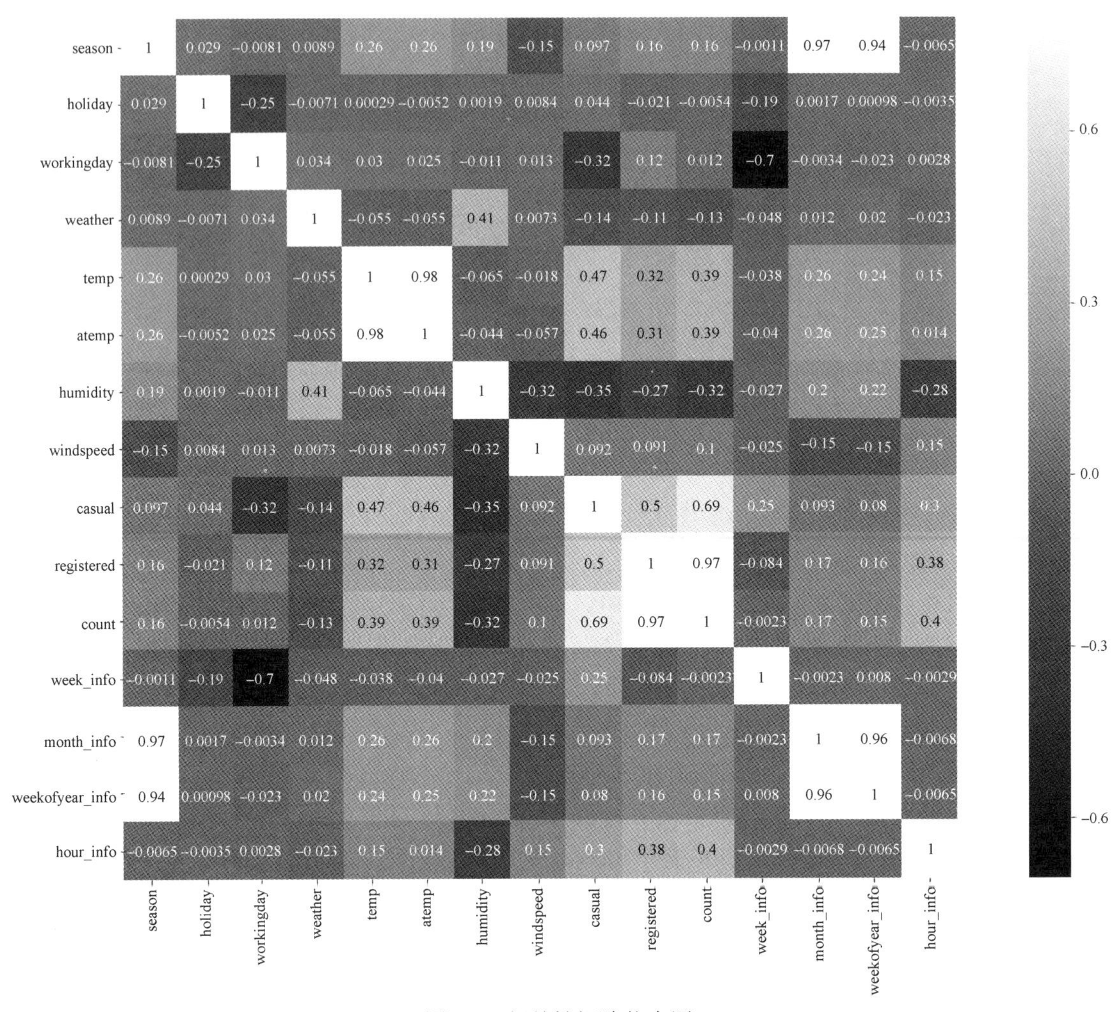

图 8.6　相关性矩阵热力图

参考代码如下：

```
categorical_cols = ['season', 'holiday', 'workingday', 'weather',
'week_info', 'month_info', 'weekofyear_info', 'hour_info']
train_feat = pd.get_dummies(train, columns=categorical_cols)
```

5. 目标变量和特征变量数据集的整理

（1）datetime、date_info 的格式不符合建模要求，因此暂时删除。在测试集中并未提供 casual、registered，故使用 del 方法实现删除。

（2）使用 pandas 中 pop()函数选择目标变量，其他变量作为特征变量数据集。由于 pop()函数会直接修改原数据集，实战中通常复制一份新的数据集进行加工处理。复制数据集可使用 pandas 中的 copy()函数实现。

参考代码如下：

```
# 由于机器学习模型中只接收数值型变量，因此暂时删除 datetime 和 date_info
```

```
del train_feat['datetime']
del train_feat['date_info']
# 由于测试集中不包含casual、registered，因此这里先删除
del train_feat['casual']
del train_feat['registered']
# 分别提取目标变量及特征变量
train_feat_1 = train_feat.copy()
y = train_feat_1.pop('count')
X = train_feat_1
```

8.1.3　模型训练

划分训练集和测试集：使用 model_selection.train_test_split()函数可以进行数据集划分，分别用 X_train、X_test、y_train、y_test 四个变量来接收。test_size=0.33 的参数设置代表了期望分割的测试集样本量占分割前数据集的 33%，random_state=42 参数设置为了确保随机抽样的结果可以复现。参考代码如下：

```
# 利用sklearn的方法将已知真实值的数据划分为训练集和测试集，目的是测试模型效果，作为测试数据的参考
from sklearn.model_selection import train_test_split
X_train, X_test, y_train, y_test = train_test_split(X, y, test_size=0.33,
random_state=42)
# 直接导入sklearn中的线性回归模型
from sklearn.linear_model import LinearRegression
# 模型训练
lrModel = LinearRegression()
# 全部数据预测
lrModel.fit(X = X_train.values,y = y_train.values)
linalg.lstsq(X, y)
LinearRegression(copy_X=True, fit_intercept=True, n_jobs=None,
         normalize=False)
```

8.1.4　模型评估

1．构建 RMSLE 评估函数

虽然 Scikit-learn 中提供了 RMSLE 的评估方法，根据公式自定义 RMSLE 指标：

$$\text{RMSLE}=\sqrt{\frac{\sum_{i=1}^{n}\left(\left(\log\left(\hat{y}_i+1\right)-\log\left(y_i+1\right)\right)^2\right)}{n}}$$

可以使用 sklearn.mean_squared_error()函数来构建 RMSLE 评估指标，参考代码如下：

```
# 直接导入sklearn中已经实现的一些评估指标
from sklearn import metrics
import numpy as np
# 构建RMSLE
def rmsle(y_true,y_predict):
```

```
    return metrics.mean_squared_error(y_true=np.log1p(y_true),y_pred=np.
log1p(y_predict))
```

2．计算预测结果

首先使用得到的模型对测试集进行预测，然后根据业务常识对预测结果进行处理，将预测结果为负的值用 1 代替。使用 numpy 中的 where()函数实现，参考代码如下：

```
# 使用模型预测 X_test 数据集
y_predict = lrModel.predict(X_test)
# 预测数据中为负的数据替换为 1，否则保持原预测值
y_predict = np.where(y_predict<0,1,y_predict)
```

3．使用 RMSLE 函数评估预测效果

使用 RMSLE 函数评估预测效果，参考代码如下：

```
rmsle(y_test,y_predict)
```

输出结果：

```
0.8638672180382287
```

8.1.5 小结

本次练习介绍了预测回归建模的基本流程，在数据准备过程中从日期数据中提取特征变量，并对分类型变量进行独热编码转换的操作。我们还练习了线性回归模型的训练，以及 RMSLE 评估函数的构建。

后续练习可以从特征工程、特征选择及集成学习回归算法等方面，提升回归模型的预测效果。

任务 2　实战：使用特征选择及离散化方法来优化模型

练习目的

特征选择与数据离散化

在任务 1 的练习中，我们从时间字段 datetime 中提取了月、周、小时等信息，并将它们用独热编码直接转换为可以建模的特征。实际用于建模的特征数据中存在强相关的情况，并且周、小时等字段的独热编码会带来较为稀疏的特征维度，因此本次的练习目的：

- 理解特征选择对于模型优化的作用；
- 理解分类型变量的合理处理，以及其对于模型优化的作用；
- 练习使用随机森林和 GBM 算法建立回归模型。

8.2.1 问题定义

本次练习的业务需求是通过机器学习建模，预测自行车租赁的需求量以便更好地满足用户需求，预测目标是连续数值型变量，可以将该问题定义为预测回归建模问题。

本次练习将使用随机森林及 GBM 算法实现预测回归建模，并使用 RMSLE 指标评估预测效果。

8.2.2 数据准备

1. 数据读取和日期信息提取

（1）读取 train.csv 数据文件。

（2）将数据集中的 datetime 转换为日期格式。

（3）基于 datetime 字段提取 weekday、month、weekofyear、hour 等信息。

参考代码如下：

```
import pandas as pd
train = pd.read_csv('./data/bike/train.csv')
# 转换 datetime 为日期格式,format 可设为%Y-%m-%d %H:%M:%S
train['datetime'] = pd.to_datetime(train['datetime'],format="%Y-%m-%d %H:%M:%S")
# 从 datetime 中提取任务要求的信息字段
train['week_info'] = train['datetime'].dt.weekday
train['month_info'] = train['datetime'].dt.month
train['weekofyear_info'] = train['datetime'].dt.weekofyear
train['hour_info'] = train['datetime'].dt.hour
```

2. 相关性分析

对提取日期特征后的数据集进行相关性分析，计算相关性矩阵并进行可视化展示。通过 dataframe 的 corr 方法及 seaborn 中 heatmap 方法可视化变量间的相关性。参考代码如下：

```
import matplotlib.pyplot as plt
import seaborn as sns
%matplotlib inline
fig,ax= plt.subplots()
fig.set_size_inches(25,15)
sns.heatmap(train.corr(), vmax=.8, square=True,annot=True)
```

输出结果同任务 1 中的图 8.6。如图 8.6 所示，以下特征之间的相关性较强。

（1）temp 与 atemp；

（2）month_info、weekofyear_info 与 season；

（3）workingday 与 wcck_info。

结合特征与目标变量的相关性，保留 atemp、season 和 workingday 作为后续建模特征。

3. 建模特征选择及单变量分析

根据上述相关性分析的结论，选择后续用于建模的特征，并分析 atemp、humidity 和 windspeed 三个连续数值型变量与目标变量之间的分布关系，可使用 seaborn 提供的 jointplot() 函数绘制直方图和散点图来进行可视化呈现。

参考代码如下：

```
selected_cols = ['count', 'atemp', 'humidity', 'windspeed', 'season',
'holiday', 'workingday','weather', 'hour_info']
train_feat = train[selected_cols]
```

绘制特征变量 atemp 与目标变量 count 的统计分布图，代码如下：

```
sns.jointplot(x='atemp', y='count', data=train_feat, kind='hex',
cmap='binary', color='black')
```

输出结果：特征变量 atemp 与目标变量 count 的统计分布图如图 8.7 所示。

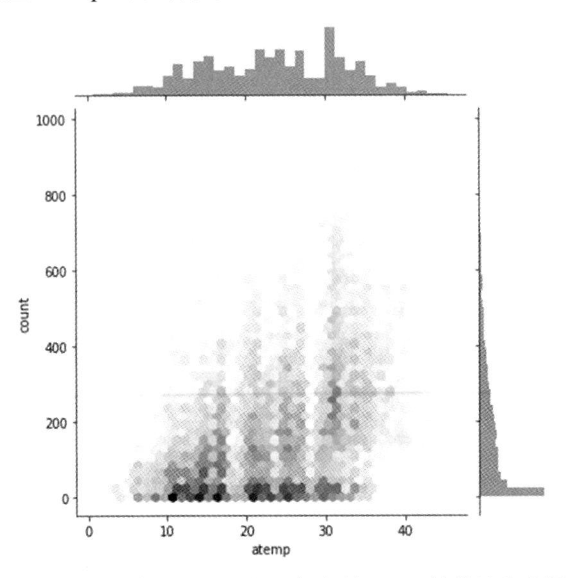

图 8.7　特征变量 atemp 与目标变量 count 的统计分布图

绘制特征变量 humidity 与目标变量 count 的统计分布图，代码如下：

```
sns.jointplot(x='humidity', y='count', data=train_feat, kind='hex',
cmap='binary', color='black')
```

输出结果：特征变量 humidity 与目标变量 count 的统计分布图如图 8.8 所示。

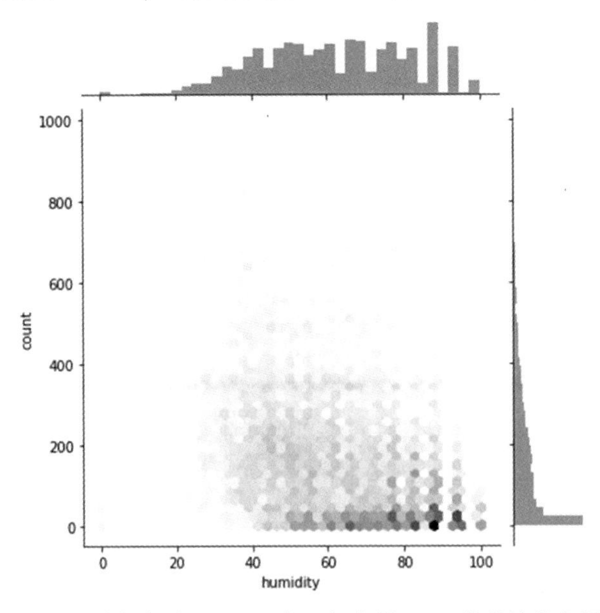

图 8.8　特征变量 humidity 与目标变量 count 的统计分布图

绘制特征变量 windspeed 与目标变量 count 的统计分布图，代码如下：

```
sns.jointplot(x='windspeed', y='count', data=train_feat, kind='hex',
cmap='binary', color='black')
```

输出结果：特征变量 windspeed 与目标变量 count 的统计分布图如图 8.9 所示。

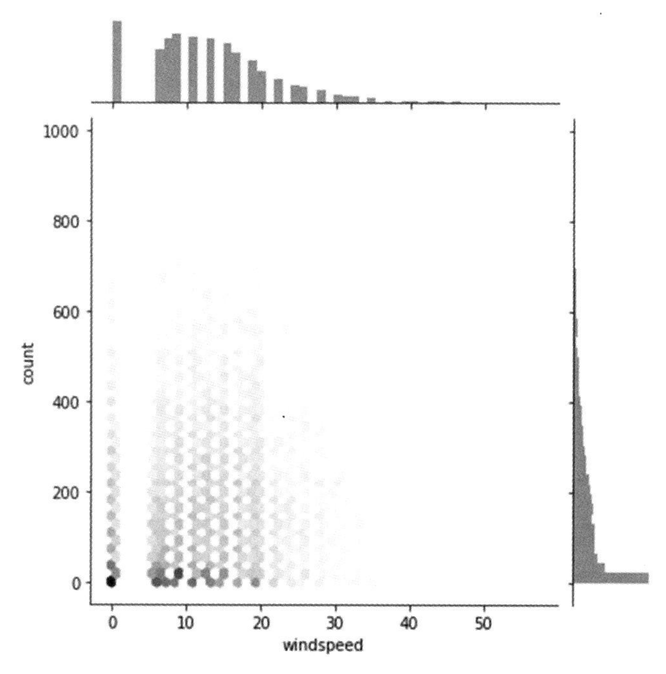

图 8.9　特征变量 windspeed 与目标变量 count 的统计分布图

如图 8.7～图 8.9 所示，使用 seaborn 提供的 jointplot()函数绘制的统计分布图中，上方统计直方图为对应横坐标变量 atemp、humidity、windspeed 的分布情况，右侧统计直方图为对应纵坐标变量 count 的分布情况，主图为基于特征变量与目标变量坐标系的样本散点图，可以同时计算变量之间的 Pearson 相关系数 r 及显著性水平 p，并显示在图例中。

4．hour_info 的可视化分析及特征转换

（1）绘制 hour_info 与目标变量 count 的箱线图。

（2）根据可视化的分布规律，可以发现早高峰和晚高峰时段的用车需求较高。由于直接对 hour_info 进行独热编码会带来高维稀疏特征，因此可以基于该变量进行离散化划分。使用 cut()函数将 hour_info 按照生活中的常识分为以下 5 个区间。

① 0 代表凌晨时段[0, 5]；

② 1 代表早高峰时段(5, 9]；

③ 2 代表工作时段(9, 16]；

④ 3 代表晚高峰时段(16, 20]；

⑤ 4 代表晚间时段(20, 23]。

绘制 hour_info 与目标变量 count 的箱线图，参考代码如下：

```
sns.boxplot(data=train,y="count",x="hour_info",orient="v")
```

输出结果同图 8.2。对 hour_info 变量进行特征离散化处理，参考代码如下：

```
cut_points = [-1, 5, 9, 16, 20, 23]
label_names = [0, 1, 2, 3, 4]
train_feat['hour_categories'] = pd.cut(train_feat["hour_info"],cut_points, labels=label_names)
```

5．分类型变量的转换处理

（1）对当前数据中的分类型变量进行独热编码处理。

（2）需要处理的分类型变量有 season、holiday、workingday、weather、hour_categories。

参考代码如下：

```
categorical_cols = ['season', 'holiday', 'workingday', 'weather', 'hour_categories']
train_feat_2 = pd.get_dummies(train_feat, columns=categorical_cols)
```

6．目标变量和特征变量数据集的整理

（1）删除 train_feat_2 中不进入模型的变量 hour_info。

（2）使用 pandas 中 pop()函数选择目标变量，其他变量作为特征变量数据集。由于 pop()函数会直接修改原数据集，实战中通常复制一份新的数据集进行加工处理。复制数据集可使用 pandas 中的 copy()函数实现。

参考代码如下：

```
# 删除变量 hour_info
del train_feat_2['hour_info']
# 分别提取目标变量及特征变量
train_feat_3 = train_feat_2.copy()
y = train_feat_3.pop('count')
X = train_feat_3
```

8.2.3 模型训练

（1）划分训练集和测试集，使用与任务 1 中同样的设置方法：test_size=0.33 的参数设置代表了期望分割的测试集样本量占分割前数据集的 33%，random_state=42 的参数设置为了确保随机抽样的结果可以复现。

（2）分别使用随机森林和 GBM 算法训练回归模型。

参考代码如下：

```
from sklearn.model_selection import train_test_split
X_train, X_test, y_train, y_test = train_test_split(X, y, test_size=0.33, random_state=42)
from sklearn.ensemble import RandomForestRegressor, GradientBoostingRegressor
rfModel = RandomForestRegressor().fit(X_train, y_train)
gbmModel = GradientBoostingRegressor().fit(X_train, y_train)
```

8.2.4　模型评估

1．构建 RMSLE 评估函数

本任务仍然使用 8.1.4 节自定义的 RMSLE 作为评估指标，参考代码如下：

```
# 直接导入 sklearn 中已经实现的一些评估指标
from sklearn import metrics
import numpy as np
# 定义 RMSLE
def rmsle(y_true,y_predict):
    return metrics.mean_squared_error(y_true=np.log1p(y_true),y_pred=np.
log1p(y_predict))
```

2．计算预测结果

（1）使用得到的模型对测试集进行预测。

（2）根据业务常识对预测结果进行处理，将预测结果为负的值用 1 代替。使用 numpy 中的 where()函数实现。

参考代码如下：

```
# 使用模型预测 X_test 数据集，预测数据中为负的数据替换为 1，否则保持原预测值
rf_pred = rfModel.predict(X_test)
rf_pred = np.where(rf_pred<0, 1, rf_pred)
gbm_pred = gbmModel.predict(X_test)
gbm_pred = np.where(gbm_pred<0, 1, gbm_pred)
```

3．使用 RMSLE 函数评估预测效果

参考代码如下：

```
# 分别打印随机森林模型和 GBM 模型的预测效果
print("随机森林模型对测试集的预测效果：RMSLE=%4f" % rmsle(y_test, rf_pred))
print("GBM 模型对测试集的预测效果：RMSLE=%4f" % rmsle(y_test, gbm_pred))
```

输出结果：

```
随机森林模型对测试集的预测效果：RMSLE=0.514424
GBM 模型对测试集的预测效果：RMSLE=0.584221
```

8.2.5　小结

本次练习首先基于任务 1 的特征数据集中存在的问题，删除相关性较强的变量，并通过对 hour_info 的离散化分类，降低了稀疏矩阵的维度。然后，尝试使用集成学习中的随机森林和 GBM 算法训练并评估模型效果，较任务 1 的模型，RMSLE 有明显的下降，表明了模型预测效果的提升。最后，训练模型时使用了算法默认的参数进行建模。后续可以自行尝试对算法进行超参数调优，进一步优化模型效果。

项目 9

信用卡客户忠诚度回归预测

项目目标

知识目标

- 掌握机器学习的回归建模的基本流程；
- 掌握探索性数据分析和特征抽取的方法。

能力目标

- 能够基于回归模型，完成信用卡客户忠诚度回归预测；
- 能够运用特征工程技巧，优化模型效果。

素质目标

通过对回归模型的不断优化，培养学生精益求精、追求卓越的工匠精神。

任务 1　信用卡客户忠诚度回归建模

信用卡客户忠诚度回归建模

练习目的

- 练习探索性数据分析及特征抽取；
- 掌握从多张数据表中准备“宽表”数据的技能；
- 掌握回归模型的训练与评估。

9.1.1　问题定义

某支付公司希望通过客户的消费行为等数据，发现客户忠诚度的规律性特点，为进一步提供个性化的服务奠定基础。首先描述训练数据集的数据字段，进一步定义该业务问题。

（1）读取数据说明文件 Data_Dictionary.xlsx 中训练数据的字段描述内容。

（2）读取 XLSX 格式文件，可使用 pandas 模块中提供的 read_excel()函数，该函数接收参数 sheet_name 用于指定表格中的目标页 sheet。

参考代码如下：

```
import pandas as pd
train_dict = pd.read_excel('./data/loyalty/Data_Dictionary.xlsx',
sheet_name='train')
```

表 9.1 所示为训练集的数据字典。其中，目标变量 target 代表了持卡人 card_id 的忠诚度，是数值型变量，说明要解决的问题是回归问题。

表 9.1　训练集的数据字典

变　量	描　述
card_id	唯一识别卡号
first_active_month	首次购买发生的月份
feature_1	匿名处理的卡相关因子特征
feature_2	匿名处理的卡相关因子特征
feature_3	匿名处理的卡相关因子特征
target	历史评估 2 个月后客户忠诚度得分

回归模型的评估方法在 2.1.4 节的模型评估中有具体介绍，本次练习可以使用 RMSE 指标评估模型效果。

除了训练集中已有的特征变量，如 feature_1、feature_2 等，还有 historical_transactions.csv、new_merchant_transactions.csv、merchants.csv 三份数据可以用于特征抽取。在后续的数据准备环节，将逐一进行数据分析和特征工程。

9.1.2　数据准备

对 train.csv 文件进行探索性数据分析的具体步骤：

（1）使用 pandas 模块中的 read_csv()函数读取 train.csv 文件，可以设置参数 parse_dates=['first_active_month']用于解析日期字段。

（2）统计训练集的数据缺失情况，检查数据类型。

（3）计算数据集特征变量的相关性矩阵，特征变量包括 feature_1、feature_2、feature_3。

参考代码如下：

```
# 读取 train.csv 文件并检查数据缺失情况及数据类型
train = pd.read_csv('./data/loyalty/train.csv', parse_dates=['first_active_
month'])
train.info()
```

输出结果：

```
<class 'pandas.core.frame.dataframe'>
RangeIndex: 201917 entries, 0 to 201916
Data columns (total 6 columns):
first_active_month    201917 non-null datetime64[ns]
card_id              201917 non-null object
feature_1            201917 non-null int64
```

```
feature_2           201917 non-null int64
feature_3           201917 non-null int64
target              201917 non-null float64
dtypes: datetime64[ns](1), float64(1), int64(3), object(1)
memory usage: 9.2+ MB
```

相关性矩阵计算，参考代码如下：

```
train_corr = train.drop(['first_active_month','card_id'],axis=1).corr()
train_corr
```

输出结果：

```
           feature_1   feature_2   feature_3   target
feature_1  1.000000    -0.130969   0.583092    -0.014251
feature_2  -0.130969   1.000000    0.060925    -0.006242
feature_3  0.583092    0.060925    1.000000    -0.008125
target     -0.014251   -0.006242   -0.008125   1.000000
```

通过相关性矩阵分析发现，train.csv 文件中三个变量 feature_1、feature_2、feature_3 与目标变量相关性很弱，后续可以进行如下操作：

（1）通过数据可视化进一步探索三个变量的分布特点。

（2）从 historical_transactions.csv、new_merchant_transactions.csv、merchants.csv 数据中提取更多特征变量。

1．柱状图分析

（1）由于 feature_1、feature_2、feature_3 均为分类型变量，而 target 为数值型变量，可以使用 seaborn 中的 violinplot()函数绘制小提琴分布图，展示 feature_1、feature_2、feature_3 的统计分布特点。

（2）使用 value_counts()函数统计每个特征下不同类别的数量。

参考代码如下：

```
import seaborn as sns
import matplotlib.pyplot as plt
%matplotlib inline
fig, ax = plt.subplots(1, 3, figsize = (16, 6))
plt.subtitle('Violinplots for features and target')
sns.violinplot(x="feature_1", y="target", data=train, ax=ax[0], title=
'feature_1')
sns.violinplot(x="feature_2", y="target", data=train, ax=ax[1], title=
'feature_2')
sns.violinplot(x="feature_3", y="target", data=train, ax=ax[2], title=
'feature_3')
```

输出结果：分类型变量 feature_1、feature_2、feature_3 的小提琴分布图如图 9.1 所示。

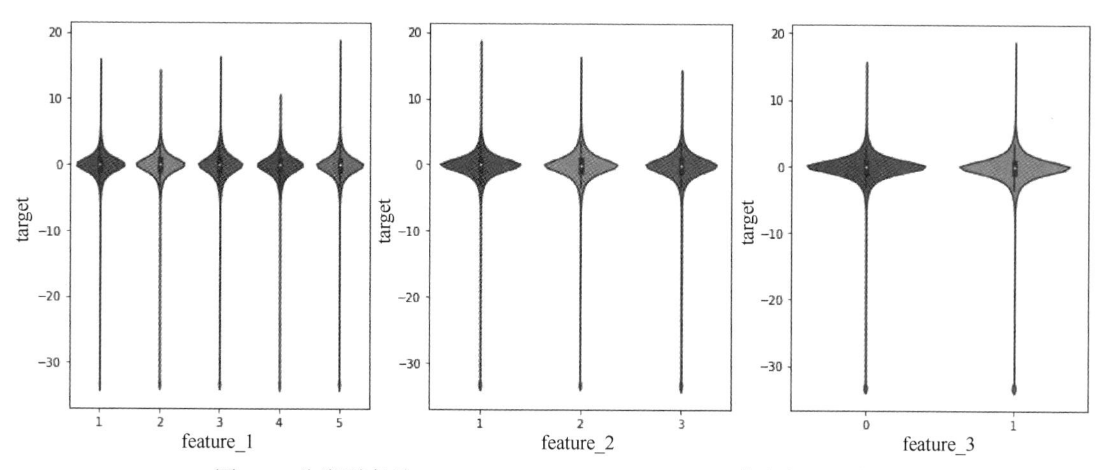

图 9.1 分类型变量 feature_1、feature_2、feature_3 的小提琴分布图

使用 Plot（kind="bar"）绘制柱状图，参考代码如下：

```
# 统计每个特征下不同类别的数量
fig, ax = plt.subplots(1, 3, figsize = (16, 6))
train['featur_3'].plot.bar()
train['feature_1'].value_counts().sort_index().plot(kind='bar', ax=ax[0],
color='teal', title='feature_1')
train['feature_2'].value_counts().sort_index().plot(kind='bar', ax=ax[1],
color='brown', title='feature_2')
train['feature_3'].value_counts().sort_index().plot(kind='bar', ax=ax[2],
color='gold', title='feature_3')
plt.subtitle('Counts of categiories for features')
plt.text(0.5,0.98,'Counts of categiories for features')
```

输出结果：分类型变量 feature_1、feature_2、feature_3 的统计柱状图如图 9.2 所示。

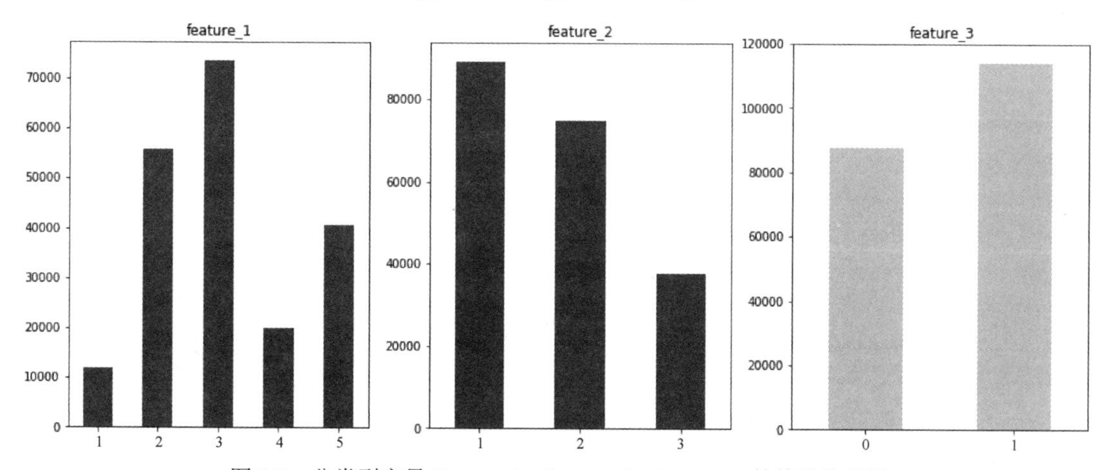

图 9.2 分类型变量 feature_1、feature_2、feature_3 的统计柱状图

如图 9.1 和图 9.2 所示，虽然 feature_1、feature_2、feature_3 中不同类别下的样本量不同，但目标变量的分布基本相同，而且均值接近于 0。结合之前的相关性分析，进一步佐证了这三个特征变量对于目标变量的预测能力不足，因此需要进一步开展特征工程，提取其他特征变量。

2．直方图分析

使用直方图分析目标变量 target 的分布情况。参考代码如下：

```
train['target'].plot.hist()
```

输出结果：目标变量 target 统计直方图如图 9.3 所示，目标变量 target 为客户忠诚度评分，其取值范围为-10～10。存在一部分数据独立分布在-30 左右，可以选择该部分数据进一步查看情况。

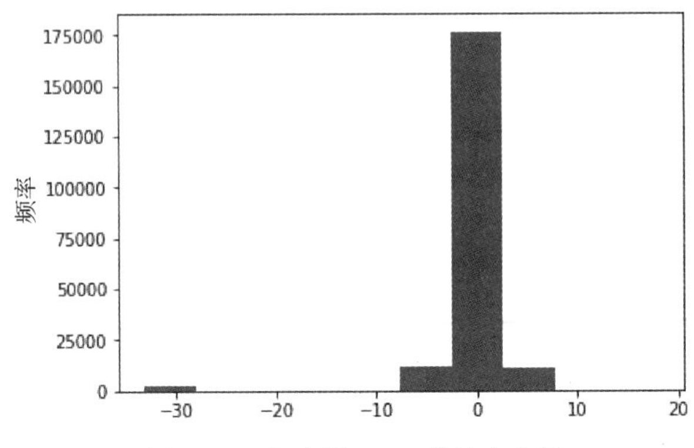

图 9.3　目标变量 target 统计直方图

3．异常值分析

分析目标变量在异常区域的数据分布：

（1）选择变量 target 小于-20 的所有样本，使用 pandas 模块中的 dataframe.loc 方法完成。

（2）使用 describe()函数对选择样本的目标变量 target 进行统计，查看该异常区域的数据分布。

参考代码如下：

```
train.loc[train.target<-20]['target'].describe()
```

输出结果：

```
count    2.207000e+03
mean    -3.321928e+01
std      1.193982e-12
min     -3.321928e+01
25%     -3.321928e+01
50%     -3.321928e+01
75%     -3.321928e+01
max     -3.321928e+01
Name: target, dtype: float64
```

通过对变量 target 小于-20 的样本进行单独分析，发现这些样本的 target 值均为-33.21928，可以暂时认为这些样本是异常样本，在优化模型效果时可以进一步处理。

4．historical_transactions 文件的探索性数据分析及特征工程

（1）读取 historical_transactions 数据文件 historical_transactions.csv 及数据字段说明 Data_

Dictionary.xlsx，sheet_name='history'。

（2）预览 historical_transactions 数据文件；

（3）查看 historical_transactions 的数据字段说明。

参考代码如下：

```
historical_transactions = pd.read_csv('./data/loyalty/historical_transactions.csv')
e = pd.read_excel('./data/loyalty/Data_Dictionary.xlsx', sheet_name='history')
```

结合数据字段说明可知，historical_transactions 数据记录了每位持卡人在过去一段时间的消费行为，包括消费供应商的代码编号、消费金额、分期行为等数据。

其中，month_lag 的含义是距离指定参考日期的月份，如 month_lag 为-4 代表该笔消费在指定参考日期的前 4 个月。可以查看该变量的分布情况来了解消费记录的时间跨度。

5．特征的时间跨度分析

计算数据集 historical_transactions 中的时间跨度 month_lag，可以使用 unique()函数或 describe()函数来查看。

代码如下：

```
historical_transactions['month_lag'].unique()
```

输出结果：

```
array([ -8,  -7,  -6,  -5, -11,   0,  -3,  -9,  -4,  -1, -13, -10, -12,
        -2])
```

从 month_lag 可见，历史交易记录中记录了最早至 13 个月前的消费记录，最近的为当月的消费记录。

在本次练习中，可以考虑先使用近 3 个月内的消费记录来提取特征。

6．特征提取

（1）从 historical_transactions 中选择持卡人近 3 个月内的消费记录作为后续数据准备的基础数据集，保存为变量 historical_transactions_3month。

（2）检查并更正 historical_transactions_3month 的数据类型。

参考代码如下：

```
historical_transactions_3month = historical_transactions.loc[historical_transactions['month_lag'] > -4]
historical_transactions_3month.info()
```

输出结果：

```
<class 'pandas.core.frame.dataframe'>
Int64Index: 14051303 entries, 5 to 29112360
Data columns (total 14 columns):
authorized_flag         object
card_id                object
```

```
city_id                int64
category_1             object
installments           int64
category_3             object
merchant_category_id    int64
merchant_id            object
month_lag              int64
purchase_amount         float64
purchase_date          object
category_2             float64
state_id               int64
subsector_id           int64
dtypes: float64(2), int64(6), object(6)
memory usage: 1.6+ GB
```

因为后续练习不再使用 historical_transactions 数据集，因此可以将其删除并回收内存，代码如下：

```
import gc
del historical_transactions
gc.collect()
```

7．数据类型修改

将 city_id、installments、merchant_category_id、category_2、state_id、subsector_id 的数据类型修改为分类型变量，用 object 格式表示。

参考代码如下：

```
col_list = ['city_id', 'installments', 'merchant_category_id', 'category_2', 
'state_id', 'subsector_id']
for col in col_list:
    historical_transactions_3month[col] = historical_transactions_3month[col].
astype(object)

historical_transactions_3month[col_list].info()
```

输出结果：

```
<class 'pandas.core.frame.dataframe'>
Int64Index: 14051303 entries, 5 to 29112360
Data columns (total 6 columns):
city_id                object
installments           object
merchant_category_id    object
category_2             object
state_id               object
subsector_id           object
```

```
dtypes: object(6)
memory usage: 750.4+ MB
```

8．数据探索

（1）对分类型变量进行统计分析，并制订特征抽取计划。

（2）分类型变量包括 authorized_flag、city_id、installments、category_1、category_2、category_3、merchant_category_id、merchant_id、state_id、subsector_id。

代码如下：

```
categories = ['authorized_flag', 'city_id', 'installments', 'category_1',
'category_2', 'category_3', 'merchant_category_id', 'merchant_id', 'state_id',
'subsector_id']
historical_transactions_3month[categories].describe()
```

输出结果：分类型变量的统计分析结果如表 9.4 所示。

表 9.2　分类型变量的统计分析结果

	authorized_flag	city_id	installments	category_1	category_2	category_3	merchant_category_id	merchant_id	state_id	subsector_id
count	1963031	1963031	1963031	1963031	1851286	1907109	1963031	1936815	1963031	1963031
unique	1	308	15	2	5	3	314	226129	25	41
top	Y	69	0	N	1	A	307	M_ID_00a6ca8a8a	9	37
freq	1963031	328916	922244	1899935	1058242	922244	191631	23018	733146	340053

根据对分类型变量的统计分析，以及变量含义的理解，可以制订进一步的特征抽取计划：

（1）authorized_flag、category_1 变量只包括两种类型且不含缺失值，可以将类型映射为数字后进行特征抽取，如求和、求平均。

（2）installments，category_2，category_3 的变量类型大于两种，可以进行映射后将其转换为独热编码，再进行特征抽取，如求和、求平均。

（3）对于 city_id、merchant_category_id 等其他分类型变量，可以统计类型的数量作为特征。

9．数据可视化

对连续数值型变量 purchase_amount 进行统计及可视化分析，制订特征抽取计划。

参考代码如下：

```
historical_transactions_3month['purchase_amount'].describe()
```

输出结果：

```
count    1.405130e+07
mean     2.398687e-01
std      1.609676e+03
min     -7.469078e-01
25%     -7.206114e-01
```

```
50%     -6.886049e-01
75%     -6.034196e-01
max      6.010604e+06
Name: purchase_amount, dtype: float64
```

通过对 purchase_amount 的统计分析，发现该变量无缺失值，大多数样本分布在-1 到 0 之间，存在少量数值较大的样本。理论上 purchase_amount 应大于 0，但因为该字段为进行标准化处理后的数值，因此出现负值。可以直接使用求和、求平均等统计方法对该变量进行特征抽取。

10．特征工程

编写特征抽取函数，从 historical_transactions_3month 数据中抽取特征用于模型训练，具体步骤如下。

（1）根据之前任务的总结，对必要的字段进行数据转换，如 authorized_flag、category_2 等。

（2）特征抽取的思路是按照 card_id 进行汇总，可以使用 groupby(['card_id']).agg(agg_func) 的方式实现特征抽取，agg_func 为 Python 字典格式，指定需要处理的字段名称及处理方法。

（3）基于数据集提取消费次数特征。

（4）为了便于复用，可以将整个过程编写为特征函数并进行调用，参考代码如下：

```
def aggregate_historical_transactions_3month(trans, prefix):
    """
    Input:
    trans: 用于抽取特征的数据集，如 historical_transactions_3month;
    prefix: 用于生成特征的前缀;

    Return:
    agg_trans: 按照 card_id 汇总后的特征数据集，可以用于与 train.csv 关联后建模

    """
    # 将 authorized_flag 字段类型转换为数字，Y 转换为 1， N 转换为 0
    trans['authorized_flag'] = trans['authorized_flag'].apply(lambda x: 1 if
x == 'Y' else 0)

    # 将 category_1 字段类型转换为数字，Y 转换为 1， N 转换为 0
    trans['category_1'] = trans['category_1'].apply(lambda x: 1 if x == 'Y'
else 0)

    # 将 category_2 字段中的缺失值定义为单独类别，用 6 表示该类
    trans['category_2'] = trans['category_2'].fillna(6)

    # 将 category_3 字段中的字符映射为数字，用 3 表示缺失值
    map_dict = {'A': 0, 'B': 1, 'C': 2, 'nan': 3}
    trans['category_3'] = trans['category_3'].apply(lambda x: map_dict[str(x)])

    # 将 installments、category_2、category_3 进行独热编码

    trans = pd.get_dummies(trans, columns=['installments', 'category_2',
'category_3'])
```

```
    # 定义agg_func字典
    agg_func = {
        'authorized_flag': ['sum', 'mean'],
        'category_1': ['sum', 'mean'],
        'category_2_1.0': ['mean', 'sum'],
        'category_2_2.0': ['mean', 'sum'],
        'category_2_3.0': ['mean', 'sum'],
        'category_2_4.0': ['mean', 'sum'],
        'category_2_5.0': ['mean', 'sum'],
        'category_2_6.0': ['mean', 'sum'],
        'category_3_1': ['sum', 'mean'],
        'category_3_2': ['sum', 'mean'],
        'category_3_3': ['sum', 'mean'],
        'installments_0': ['sum', 'mean'],
        'installments_1': ['sum', 'mean'],
        'installments_2': ['sum', 'mean'],
        'installments_3': ['sum', 'mean'],
        'installments_4': ['sum', 'mean'],
        'installments_5': ['sum', 'mean'],
        'installments_6': ['sum', 'mean'],
        'installments_7': ['sum', 'mean'],
        'installments_8': ['sum', 'mean'],
        'installments_9': ['sum', 'mean'],
        'installments_10': ['sum', 'mean'],
        'installments_11': ['sum', 'mean'],
        'installments_12': ['sum', 'mean'],
        'installments_-1': ['sum', 'mean'],
        'installments_999': ['sum', 'mean'],
        'merchant_id': ['nunique'],
        'purchase_amount': ['sum', 'mean', 'max', 'min'],
        'merchant_category_id': ['nunique'],
        'state_id': ['nunique'],
        'subsector_id': ['nunique'],
        'city_id': ['nunique']
    }

    # 基于agg_func，按照card_id进行特征抽取
    agg_trans = trans.groupby(['card_id']).agg(agg_func)

    # 为新特征增加前缀
    agg_trans.columns = [prefix + '_'.join(col).strip() for col in agg_trans.
columns.values]
    agg_trans.reset_index(inplace=True)
    # 按照card_id汇总消费笔数
    df = (trans.groupby('card_id')
```

```
            .size()
            .reset_index(name='{}transactions_count'.format(prefix)))
        # 将数据集agg_trans与数据集df合并为新的数据集agg_trans，使用card_id作为关联主键
        agg_trans = pd.merge(df, agg_trans, on='card_id', how='left')
        return agg_trans
    # 对数据集historical_transactions_3month执行特征抽取函数
    history_3month = aggregate_historical_transactions_3month(historical_
transactions_3month, prefix='hist_')
```

11．数据清洗

（1）合并新合成的特征数据集至train.csv数据集，得到新的训练数据。

（2）合并过程中，可能存在部分持卡人在近3个月内无消费行为的情况，导致存在缺失值。因此可以将合并后数据集中的缺失值填充为0。

参考代码如下：

```
    train_add_history_3month = pd.merge(train, history_3month, on='card_id',
how='left')
    train_add_history_3month.fillna(0, inplace=True)
```

12．数据拆分

基于合并后的数据集，选择用于建模的特征，拆分为训练集和验证集。

（1）目标变量为target变量。

（2）特征变量可以使用带有hist_前缀的变量。

（3）在使用train_test_split()函数划分时，按照80∶20的比例（test_size=0.20）划分训练集和测试集。为确保结果可以复现，random_state设为42。

参考代码如下：

```
    Y = train_add_history_3month['target']
    feature = [col for col in train_add_history_3month.columns.values if 'hist'
in col ]
    X = train_add_history_3month[feature]
    from sklearn.model_selection import train_test_split
    train_X, val_X, train_y, val_y = train_test_split(X, Y, test_size=0.20,
random_state=42)
    del historical_transactions_3month
    gc.collect()
```

9.1.3 模型训练

使用GBM回归算法训练模型，使用算法默认参数，暂不进行超参数调优。参考代码如下：

```
    from sklearn.ensemble import GradientBoostingRegressor
    est = GradientBoostingRegressor().fit(train_X, train_y)
```

9.1.4 模型评估

使用RMSE指标评估模型对于验证集的预测效果。参考代码如下：

```
from sklearn.metrics import mean_squared_error
mean_squared_error(val_y, est.predict(val_X))
```

输出结果：

```
14.95203673543071
```

通过绘制模型特征重要性分布图，分析模型特征的重要性。参考代码如下：

```
# 绘制模型特征重要性分布图
import numpy as np
feature_importance = est.feature_importances_
# 以重要性最大值为基准调整特征重要性的数值
feature_importance = 100.0 * (feature_importance / feature_importance.max())
sorted_idx = np.argsort(feature_importance)
pos = np.arange(sorted_idx.shape[0]) + .5
plt.figure(figsize=(16, 16))
plt.barh(pos, feature_importance[sorted_idx], align='center')
plt.yticks(pos, train_X.columns[sorted_idx])
plt.xlabel('Relative Importance')
plt.title('Variable Importance')
plt.show()
```

输出结果：模型特征重要性分布图如图 9.4 所示。

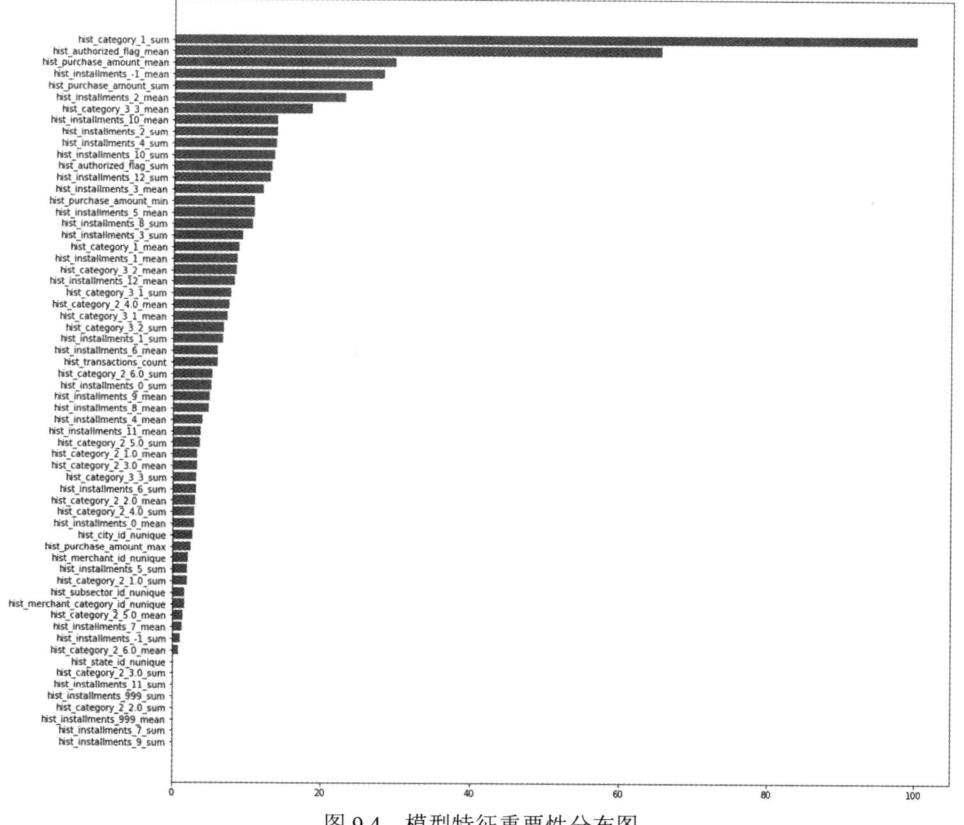

图 9.4　模型特征重要性分布图

9.1.5 小结

本次练习从多源数据表中进行了特征抽取，并基于 GBM 算法构建回归模型，该模型可作为基准模型。后续可以通过更多的特征工程和算法调参来优化模型效果。

本次练习中的特征抽取环节仅从 historical_transactions 数据表中抽取持卡人近 3 个月的消费行为特征，通过模型特征重要性分布图（见图 9.5）可以发现，hist_category_1_sum（近 3 个月购买 category_1 的次数）、hist_authorized_flag_mean(近 3 个月被批准的交易占比）、hist_purchase_amount_sum（近 3 个月购买金额总和）、hist_purchase_amount_mean（近 3 个月平均每笔交易额度）等变量在模型中的占比较大，从业务含义上符合对信用卡客户忠诚度的判断。

后续练习可以充分利用其他数据源，进一步抽取特征，以提升模型预测效果。为了便于后续继续使用，将本任务中的 train_add_history_3month 数据集保存至./data/loyalty/目录下，参考代码如下：

```
    train_add_history_3month.to_csv("./data/loyalty/train_add_hist_3month.csv",
index=0)
```

任务 2 实战：增加数据源抽取特征来优化模型

特征工程优化模型

练习目的

- 掌握从多张数据表中准备“宽表”数据的技能；

- 掌握特征变量选择中删除无效变量的技能。

9.2.1 问题定义

通过任务 1 的练习，我们已经了解到某支付公司希望通过客户的消费行为等数据，发现客户忠诚度的规律性特点，为进一步提供个性化的服务奠定基础。因为数据集中的目标变量 target 为数值型变量，所以可以定义为回归问题。

9.2.2 数据准备

通过之前练习，我们从 historical_transactions 数据表中提取持卡人近 3 个月的消费行为特征，并与最初的 train.csv 文件合并，得到一个增加了特征的建模数据文件 train_add_hist_3month.csv，保存在./data/loyalty/目录下。

在本次任务的数据准备中，我们将对其他数据源，如 new_merchant_transactions.csv，开展探索性数据分析和特征抽取，以达到丰富模型特征、提升模型效果的目的。

1. 数据读取和查看

（1）读取 new_merchant_transactions 的数据文件 new_merchant_transactions.csv 及数据字段说明 Data_Dictionary.xlsx ,sheet_name='new_merchant_period'。

（2）预览 new_merchant_transactions 的数据文件。

（3）查看 new_merchant_transactions 的数据字段说明。

参考代码如下：

```
    import pandas as pd
    new_transactions = pd.read_csv('./data/loyalty/new_merchant_transactions.csv')
    e = pd.read_excel('./data/loyalty/Data_Dictionary.xlsx', sheet_name='new_
merchant_period')
```

new_merchant_transactions 数据记录了每位持卡人两个月内在新的供应商处的消费行为数据，其记录字段含义与 historical_transactions 相同。

2．数据检验

检查 new_merchant_transactions 数据集中的时间跨度 month_lag 是否为两个月。参考代码如下：

```
    new_transactions['month_lag'].unique()
```

输出结果：

```
    array([1, 2])
```

从 month_lag 可见，历史交易记录中确实只记录了两个月的消费记录。其数值分别为 1、2，表示在某个指定参考日期之后的一个月、两个月发生的消费行为。

3．数据类型转换

修改 city_id、installments、merchant_category_id、category_2、state_id、subsector_id 的数据类型为分类型变量，用 object 格式表示，参考代码如下：

```
    col_list = ['city_id', 'installments', 'merchant_category_id', 'category_2',
'state_id', 'subsector_id']
    for col in col_list:
        new_transactions[col] = new_transactions[col].astype(object)
```

4．数据统计分析

（1）对分类型变量进行统计分析，制定特征抽取计划。

（2）分类型变量包括 authorized_flag、city_id、installments、category_1、category_2、category_3、merchant_category_id、merchant_id、state_id、subsector_id。

参考代码如下：

```
    categories = ['authorized_flag', 'city_id', 'installments', 'category_1',
'category_2', 'category_3', 'merchant_category_id', 'merchant_id', 'state_id',
'subsector_id']
    new_transactions[categories].describe()
```

输出结果：分类型变量统计分析结果如表 9.3 所示。

表 9.3　分类型变量统计分析结果

	authorized_flag	city_id	installments	category_1	category_2	category_3	merchant_category_id	merchant_id	state_id	subsector_id
count	1963031	1963031	1963031	1963031	1851286	1907109	1963031	1936815	1963031	1963031
unique	1	308	15	2	5	3	314	226129	25	41

续表

	authorized_flag	city_id	installments	category_1	category_2	category_3	merchant_category_id	merchant_id	state_id	subsector_id
top	Y	69	0	N	1	A	307	M_ID_00a6ca8a8a	9	37
freq	1963031	328916	922244	1899935	1058242	922244	191631	23018	733146	340053

根据对分类型变量的统计分析，以及变量含义的理解，可以制订进一步的特征抽取计划：

（1）authorized_flag 全部为 Y，表示所有交易均被批准，由于不具有区分意义，因此不进行特征抽取。

（2）其他分类型变量的分类标识与 historical_transactions 一致，可以采用相同的方法进行特征抽取。

5．数据可视化

对连续数值型变量 purchase_amount 进行统计分析及可视化分析，制订特征抽取计划。

参考代码如下：

```
new_transactions['purchase_amount'].describe()
```

输出结果：

```
count    1.963031e+06
mean    -5.509690e-01
std      6.940043e-01
min     -7.468928e-01
25%     -7.166294e-01
50%     -6.748406e-01
75%     -5.816162e-01
max      2.631575e+02
Name: purchase_amount, dtype: float64
```

通过对 purchase_amount 的统计，发现该变量与 historical_transactions 中的变量相似。该变量无缺失值，大多数样本分布在-1 到 0 之间，存在少量数值较大的样本。可以使用求和、求平均等统计方法对该变量进行特征抽取。

6．特征工程

编写特征抽取函数，从 new_transactions 数据中抽取特征用于模型训练。

（1）根据之前任务的总结，对必要的字段进行数据转换，如 category_2、category_3 等。

（2）特征抽取按照 card_id 进行汇总。

（3）基于数据集抽取消费次数特征。

（4）为了便于复用，可以将整个过程编写为函数。

参考代码如下：

```
def aggregate_new_transactions(trans, prefix):
    """
    Input:
    trans: 用于抽取特征的数据集;
```

```
    prefix: 用于生成特征的前缀;

    Return:
    agg_trans: 按照 card_id 汇总后的特征数据集
    """

    # 将 category_1 字段类型转换为数字, Y 转换为 1, N 转换为 0
    trans['category_1'] = trans['category_1'].apply(lambda x: 1 if x == 'Y'
else 0)

    # 将 category_2 字段中的缺失值定义为单独类别, 并用 6 表示该类别
    trans['category_2'] = trans['category_2'].fillna(6)

    # 将 category_3 字段中的字符映射为数字, 缺失值用 3 表示
    map_dict = {'A': 0, 'B': 1, 'C': 2, 'nan': 3}
    trans['category_3'] = trans['category_3'].apply(lambda x: map_dict[str(x)])

    # 将 installments、category_2、category_3 进行独热编码

    trans = pd.get_dummies(trans, columns=['installments', 'category_2',
'category_3'])

    # 定义 agg_func 字典
    agg_func = {
        'category_1': ['sum', 'mean'],
        'category_2_1.0': ['mean', 'sum'],
        'category_2_2.0': ['mean', 'sum'],
        'category_2_3.0': ['mean', 'sum'],
        'category_2_4.0': ['mean', 'sum'],
        'category_2_5.0': ['mean', 'sum'],
        'category_2_6.0': ['mean', 'sum'],
        'category_3_1': ['sum', 'mean'],
        'category_3_2': ['sum', 'mean'],
        'category_3_3': ['sum', 'mean'],
        'installments_0': ['sum', 'mean'],
        'installments_1': ['sum', 'mean'],
        'installments_2': ['sum', 'mean'],
        'installments_3': ['sum', 'mean'],
        'installments_4': ['sum', 'mean'],
        'installments_5': ['sum', 'mean'],
        'installments_6': ['sum', 'mean'],
        'installments_7': ['sum', 'mean'],
        'installments_8': ['sum', 'mean'],
        'installments_9': ['sum', 'mean'],
```

```
        'installments_10': ['sum', 'mean'],
        'installments_11': ['sum', 'mean'],
        'installments_12': ['sum', 'mean'],
        'installments_-1': ['sum', 'mean'],
        'installments_999': ['sum', 'mean'],
        'merchant_id': ['nunique'],
        'purchase_amount': ['sum', 'mean', 'max', 'min'],
        'merchant_category_id': ['nunique'],
        'state_id': ['nunique'],
        'subsector_id': ['nunique'],
        'city_id': ['nunique']
    }

    # 基于agg_func，按照card_id进行特征抽取
    agg_trans = trans.groupby(['card_id']).agg(agg_func)

    # 为新特征增加前缀
    agg_trans.columns = [prefix + '_'.join(col).strip() for col in agg_trans.
columns.values]
    agg_trans.reset_index(inplace=True)
    # 按照card_id汇总消费笔数
    df = (trans.groupby('card_id')
          .size()
          .reset_index(name='{}transactions_count'.format(prefix)))
    # 将数据集agg_trans与数据集df合并为新的数据集agg_trans，使用card_id作为关联主键
    agg_trans = pd.merge(df, agg_trans, on='card_id', how='left')
    return agg_trans
# 对数据集new_transactions执行特征抽取函数
new_trans_feat = aggregate_new_transactions(new_transactions, prefix='new_')
```

7．数据合并

（1）读取任务1中保存的建模数据集train_add_hist_3month.csv，保存至train_add_history_3month变量。

（2）合并新合成的特征数据集至train_add_history_3month，得到新的数据集train_hist_new。

（3）合并后将数据集中的缺失值填充为0。

参考代码如下：

```
train_add_history_3month = pd.read_csv('./data/loyalty/train_add_hist_3month.csv')
train_hist_new = pd.merge(train_add_history_3month, new_trans_feat,
on='card_id', how='left')
train_hist_new.fillna(0, inplace=True)
```

8．数据拆分

基于合并后的数据集，选择用于建模的特征，拆分训练集和验证集。

（1）目标变量为target变量。

（2）特征变量可使用带有 hist_前缀的变量。

（3）在使用 train_test_split()函数划分时，按照 80：20 的比例（test_size=0.20）划分训练集和验证集，为确保结果可以复现，random_state 设为 42。

参考代码如下：

```
Y = train_hist_new['target']
feature = [col for col in train_hist_new.columns.values if ('hist' in col
or 'new' in col)]
X = train_hist_new[feature]
from sklearn.model_selection import train_test_split
train_X, val_X, train_y, val_y = train_test_split(X, Y, test_size=0.20,
random_state=42)
```

9．数据清洗

由于在特征抽取过程中使用了独热编码及缺失值填充，会产生一些稀疏特征变量。可以通过人工设定规则，将一些稀疏变量删除，删除训练集 train_X 中 0 值占比超过 80%的变量。

参考代码如下：

```
def filter_high_zeros(df):
    keep_cols = []
    for col in df.columns.values:
        percentile = df[col].value_counts(normalize=True)
        if percentile[percentile.index==0].values < 0.8:
            keep_cols.append(col)

    return keep_cols

keep_cols = filter_high_zeros(train_X)
```

9.2.3　模型训练

使用 GBM 算法的默认参数训练模型，暂不进行超参数调优。参考代码如下：

```
from sklearn.ensemble import GradientBoostingRegressor
est = GradientBoostingRegressor().fit(train_X[keep_cols], train_y)
```

9.2.4　模型评估

使用 RMSE 指标评估模型对于验证集的预测效果。参考代码如下：

```
from sklearn.metrics import mean_squared_error
mean_squared_error(val_y, est.predict(val_X[keep_cols]))
```

输出结果：

```
14.708014410946042
```

9.2.5 小结

本次任务从多源数据表中进行了特征抽取的工作，并通过删除 0 值占比较多的变量实现特征降维，最终使用 GBM 算法训练回归模型，评估指标 RMSE 较任务 1 略有降低，表明模型效果有所提升。

通过两个任务，我们熟悉了在实战中面对多源数据表，以及具有时间序列属性的变量的数据准备操作，完成了基本的机器学习实战流程。感兴趣的同学可以进一步从特征抽取（如从 merchants.csv 中抽取特征或从 historical_transactions 数据中抽取更长时间颗粒度的特征）、其他算法、超参数调优等方面，开展课外练习，进一步提升模型效果。

附录A

课后习题及参考答案

项目1　习题及参考答案

一、选择题

1．已知一维数组 a=np.array([1,1,1,1,1])，b=3，则 a×b 的结果是（　　）。

A．[3,3,3,3,3]　　B．[3,1,1,1,1]　　C．15　　D．运行错误

答案：A。

难度：易。

解析：数组与标量进行四则运算，相当于数组中每个元素分别与该标量进行计算。

2．下面代码中，创建一个 3 行 3 列数组的是（　　）。

A．arr = np.array([1, 2, 3])　　B．arr = np.array([[1, 2, 3], [4, 5, 6]])

C．arr = np.array([[1, 2], [3, 4]])　　D．np.ones((3, 3))

答案：D。

难度：易。

3．random.seed(100)函数的作用是（　　）。

A．生成 100 个随机数

B．使得后续生成的每个随机数都相同

C．使得后续生成的每个随机数在 100 左右波动

D．使得每次运行该程序时，产生的随机数序列都相同

答案：D。

难度：中。

解析：seed 设定了随机数种子。每次运行该代码后，后续生成的随机数序列相同。

二、课后实践

1．现有如下图所示的数据，请对该数据进行以下操作：

	A	B	C	D
1	1	5	8	8
2	2	2	4	9
3	7	4	2	3
4	3	0	5	2

（1）使用 dataframe 创建该数据。

（2）将图中的 B 列数据按降序排序。

（3）将排序后的数据写入到 csv 文件，并命名为 write_data.csv。

2．现有如下图所示的学生信息，请根据图中的信息完成以下操作：

	年级	姓名	年龄	性别	身高/cm	体重/kg
1	大一	李宏卓	18	男	175	65
2	大二	李思真	19	女	165	60
3	大三	张振海	20	男	178	70
4	大四	赵鸿飞	21	男	175	75
5	大二	白蓉	19	女	160	55
6	大三	马腾飞	20	男	180	70
7	大一	张晓凡	18	女	167	52
8	大三	金紫萱	20	女	170	53
9	大四	金烨	21	男	185	73

（1）将年级信息作为分组键，对学生信息进行分组，并输出大一学生信息。

（2）分别计算出四个年级中身高最高的同学。

（3）计算大一学生与大三学生的平均体重。

（4）以年级为 x 轴，平均体重为 y 轴绘制条形图，将生成的条形图以 shares_bar.png 为文件名保存至桌面。

项目 2　习题及参考答案

一、选择题

1．关于循环神经网络（RNN）描述正确的是（　　）。

A．可以用于处理序列数据

B．不能处理可变长序列数据

C．不同于卷积神经网络，RNN 的参数不能共享

D．隐藏层上面的单元彼此没有关联

答案：A。

解析：RNN 可以设置单独的句子长度参数，也能参数共享，隐藏层的神经元也是彼此作用的。

2．下面有关梯度下降的说法错误的是（　　）。

A．随机梯度下降是梯度下降中常用的一种

B．梯度下降包括随机梯度下降和批量梯度下降

C．梯度下降算法速度快且可靠

D．随机梯度下降是深度学习算法中常用的优化算法

答案：C。

解析：梯度下降一般只全量更新参数值，效率低，而随机梯度相较于梯度下降，每次只选择部分样本进行更新，效率更高，速度更快。

3．关于神经网络与深度学习的关系，表述不正确的是（　　）。

A．深度学习的概念源于人工神经网络的研究

B．含有多个隐藏层的神经网络算法就是一种深度学习算法

C．单层神经网络也是深度学习的一种

D．卷积神经网络属于深度学习的一种

答案：C。

解析：深度学习一般至少包含输入层、隐藏层、输出层、不是单层。

二、课后实践

1．修改 DecisionTreeClassifier()函数里面的值，查看模型参数对结果带来的影响。

2．修改 model_selection.train_test_split()函数里面的值，查看模型参数对结果带来的影响。

项目3　习题及参考答案

一、选择题

1．具有两个特征的线型回归模型判别式是（　　）。

A．$h_w(x)=w_0+w_1x_1$　　B．$h_w(x)=w_0+w_1x_1+w_2x_2$

C．$h_w(x)=w_1x_1+w_2x_2$　　D．$h_w(x)=w_1x_1+w_2x_2+w_3x_1x_2$

答案：B。

难度：易。

解析：两个特征分别为 x_1 和 x_2，此外还有一个偏置项 w_0。

2．以下哪一项不是特征工程的子问题？（　　）

A．特征创建　　B．特征抽取

C．特征选择　　D．特征识别

答案：D。

3．在回归分析中，自变量为________，因变量为________。（　　）

A．离散型变量，离散型变量

B．连续型变量，离散型变量

C．离散型变量，连续型变量

D．连续型变量，连续型变量

答案：D。

二、课后实践

1．使用特征选择删除与生存预测无关的特征数据，对比模型效果。

2．构建一个新的特征（如从 Name 中提取 Title），观察这个新的特征 Title 是否可以用于模型训练，并对比模型效果。

项目 4　习题及参考答案

一、选择题

1．sigmoid 激活函数的图像是（　　）。

A．

1.0
0.8
0.6
0.4
0.2
0.0
−10.0 −7.5 −5.0 −2.5 0.0 2.5 5.0 7.5 10.0

B．

10.0
7.5
5.0
2.5
0.0
−2.5
−5.0
−7.5
−10.0
−10.0 −7.5 −5.0 −2.5 0.0 2.5 5.0 7.5 10.0

C．

20000
15000
10000
5000
0
−10.0 −7.5 −5.0 −2.5 0.0 2.5 5.0 7.5 10.0

D．

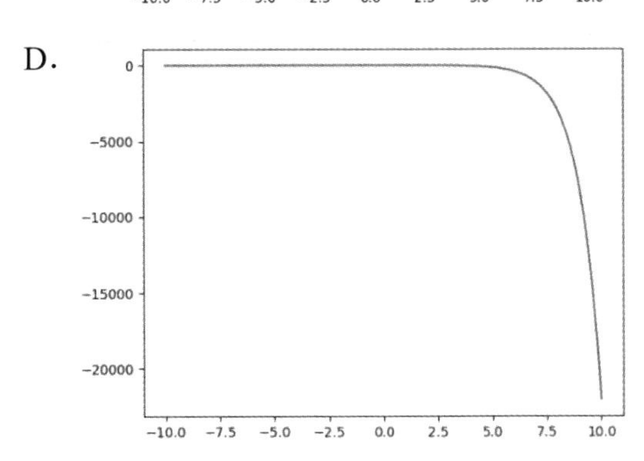

答案：A。

难度：易。

2．下列哪个图像展现了聚类的效果？（　　）

A．

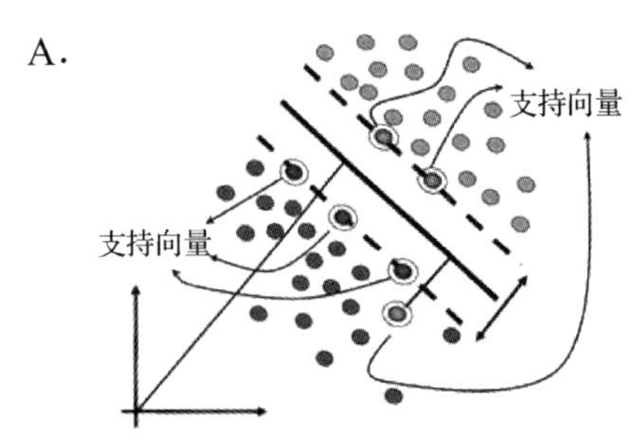

B．

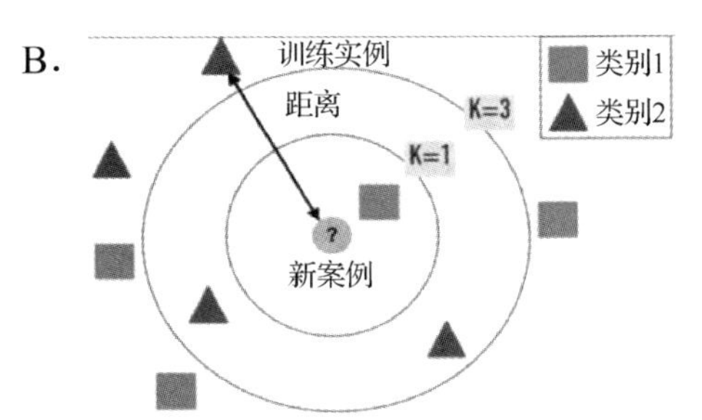

C．

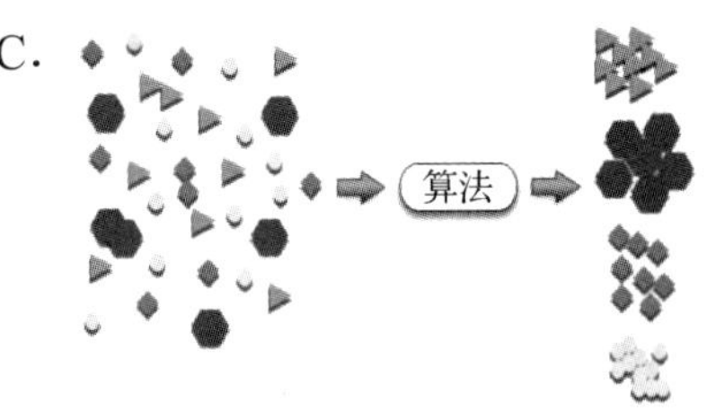

D．

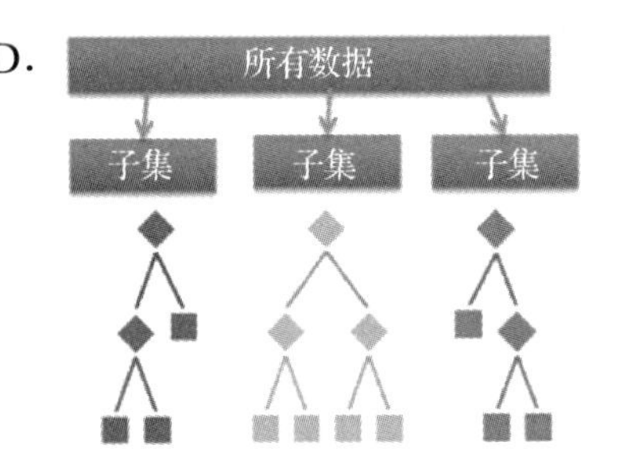

答案：C。

难度：中。

解析：A是支持向量机（SVM），B是最邻近结点算法（KNN），D是决策树，C体现了不同特征的样本归类。

3．已知数组[4, 6, 14, 5, 8, 12]，对其进行最大最小归一化处理后，结果为（　　）。

A．[0, 0.2, 1, 0.1, 0.4, 0.8]

B．[0.4, 0.6, 1.4, 0.5, 0.8, 1.2]

C．[1.13, −0.59, 1.59, −0.86, −0.045, 1.04]

D．[0.49, 0.73, 1.71, 0.61, 0.98, 1.47]

答案：A。

难度：中。

解析：根据最大最小归一化公式进行计算即可得到。

二、课后实践

1．使用随机森林算法建模进行泰坦尼克号事件生存预测，并尝试加入SVM、回归等方法进行对比。

2．载入Scikit-learn中提供的著名的Digits数据集，使用决策树分类器实现手写字体识别实验。

项目5　习题及参考答案

一、选择题

1．下列哪项不属于模型的超参数？（　　）

A．逻辑回归模型中的惩罚系数

B．随机森林模型中的评估器个数（n_estimators）

C．决策树模型中的最大深度

D．线性回归模型中的截距参数

答案：D。

2．下列哪个函数不可以用于直接生成*K*折交叉验证数据集？（　　）

A．train_test_split　　B．KFold

C．StratifiedKFold　　D．StratifiedShuffleSplit

答案：A。

3．*K*折交叉验证通常将数据集随机分为*K*个子集。下列关于*K*折交叉验证说法错误的是（　　）。

A．每次将其中一个子集作为测试集，剩下*K*−1个子集作为训练集进行训练

B．划分时有多种方法，如对非平衡数据可以采用分层采样，就是在每一份子集中都保持和原始数据集相同的类别比例

C．每次将其中一个子集作为训练集，剩下*K*−1个子集作为测试集进行测试

D. *K* 折交叉验证相较于留出法，性能评价结果通常较稳定

答案：C。

二、课后实践

1. 调整参数 max_features（选取方法：auto、sqrt、log2、None，auto 与 sqrt 都是取特征总数的开方，log2 取特征总数的对数，None 则是令 max_features 直接等于特征总数，而 max_features 的默认值是 auto），对比模型结果。

2. 结合理论课程中介绍的调参经验，尝试进一步优化模型：保持已调优中的其他参数不变，增加 n_estimators，再次对 learning_rate 调优。

项目 6　习题及参考答案

一、选择题

1. 下列哪个函数可以用于计算 AUC 指标？（　　）

A. precision_score　　B. auc_score

C. f1_score　　D. roc_auc_score

答案：D。

2. RandomForestClassifier 的 predict_proba()函数返回（　　）。

A. 0～1 之间的概率值　　B. 0 或 1 的分类结果

C. 任意数值　　D. 包含有 0 或 1 的数组

答案：A。

解析：predict_proba()函数计算 0～1 之间的概率值。predict 将直接返回二元分类结果。

3. 分类模型适用于以下哪个场景？（　　）

A. 预测商品的价格　　B. 预测某个物品的分类

C. 预测保险理赔额度　　D. 预测今后一段时间内的发展趋势

答案：B。

二、课后实践

1. 基于信用卡客户逾期情况的数据集，选取所有特征和客户是否逾期的真实标签（GB.Indicator），重新使用逻辑回归、随机森林和 GBM 算法建模，观察模型的预测效果相比之前是否有提升。

2. 在问题 1 的基础上，首先使用 SMOTE 算法进行采样，并使用 GBM 算法对采样后的样本建立分类模型，然后评估预测效果的变化。

项目 7　习题及参考答案

一、选择题

1. 在多次使用 train_test_split 拆分同一个数据集时，如果希望每次拆分的结果都相同，那么应该采用下列哪种方式？（　　）

A. 使用 numpy.random.seed 设置固定的随机数种子

B. 使用 random.seed 设置固定的随机数种子

C. 设置参数 random_state 为固定的值

D. 无须进行额外处理

答案：C。

解析：参数 random_state 对该函数起作用，而 numpy.random.seed 用于设置 numpy 库的函数种子，random.seed 设置 random 模块的函数种子，但是 train_test_split 并不是 numpy 库的函数，也不是 random 模块函数，因此无效。

2．下列属于词向量算法的是（　　）。

A. T-SNE 算法　　B. Word2vec 算法

C. 逻辑回归算法　　D. 最邻近结点算法

答案：B。

3．关于数据降维的好处，下列说法错误的是（　　）。

A. 增加信息量，提升模型效果　　B. 节约模型训练的计算时间

C. 减少冗余信息，防止过拟合　　D. 有助于数据可视化

答案：A。

二、课后实践

1．调整 LDA 降维方法，LatentDirichletAllocation()函数中的 n_components 的值，观察该参数变化对结果的影响。

2．基于任务 2 的数据，尝试使用决策树算法建模，对比与逻辑回归模型的效果差异。

项目 8　习题及参考答案

一、选择题

1．假设“政治面貌”字段的取值有党员、团员、群众，某个样本中该字段值为“团员”，则下列哪种数值表述形式最能代表该字段值的独热编码形式？（　　）

A. 2　　B. 1,0,1　　C. 0,1,0　　D. 1.0

答案：C。

2．下列哪个指标可以用来评估回归模型的效果？（　　）

A. RMSLE　　B. AUC　　C. Precision　　D. Recall

答案：A。

3．如果要统计、显示整数数组中每种取值出现的次数，下列哪种图表比较合适？（　　）

A. 直方图　　B. 误差棒图　　C. 箱线图　　D. 热力图

答案：A。

二、课后实践

1．基于任务 2 的随机森林，尝试对算法进行超参数调优，进一步优化模型效果。

2．基于任务 2 的 GBM 模型，尝试对算法进行超参数调优，进一步优化模型效果。

项目9 习题及参考答案

一、选择题

1．如果发现模型过拟合，那么下列哪种做法是错误的？（　　）

A．增加数据源

B．加工更多的特征

C．使用正则化，降低模型复杂度

D．使用更复杂的模型

答案：D。

2．线性回归对象的 mean_squared_error()函数要求参数是（　　）。

A．样本特征、样本结果值

B．仅样本特征

C．仅样本结果值

D．样本特征和结果整合在一个矩阵中

答案：A。

3．下列关于各种机器学习任务的描述，说法错误的是（　　）。

A．在分类任务中，待预测的数据结果是离散的

B．在回归任务中，待预测的数据结果是连续值

C．聚类算法用于在数据中寻找隐藏的模式或分组

D．细分客户、文章推荐、价格预测等是聚类的典型应用场景

答案：D。

二、课后实践

1．尝试从 historical_transactions.csv，new_merchant_transactions.csv，merchants.csv 中提取更多特征，使用 GBM 建模，提升模型效果。

2．尝试使用逻辑回归、随机森林等算法，进一步优化模型效果。